Leo Akio Yokoyama

Matemática e Síndrome de Down

Editor: Paulo André P. Marques
Produção Editorial: Aline Vieira Marques
Assistente Editorial: Amanda Lima
Capa: Equipe Ciência Moderna
Diagramação: Carlos Arthur Candal
Copidesque: Fabiana Lemos

FICHA CATALOGRÁFICA

YOKOYAMA, Leo Akio.

Matemática e Síndrome de Down

Rio de Janeiro: Editora Ciência Moderna Ltda., 2014.

1. Matemática 2. Síndrome de Down
I — Título

ISBN: 978-85-399-0470-9

CDD 510
616.858 842

Editora Ciência Moderna Ltda.
R. Alice Figueiredo, 46 – Riachuelo
Rio de Janeiro, RJ – Brasil CEP: 20.950-150
Tel: (21) 2201-6662/ Fax: (21) 2201-6896
E-MAIL: LCM@LCM.COM.BR
WWW.LCM.COM.BR

01/14

Dedicatória

Ao meu filho Theo e à minha esposa Cristiane, aos pais do grupo virtual RJDOWN e à APAE-RIO! Sem eles eu não teria chegado até aqui!

Nessas curvas Sinuosas da letra "S", um Sonho, uma Surpresa
Sorria. Que Sorte!
Porém Só este não basta. É preciso *maiS e maiS*
Algo tão Simples, Sutil,
Subtraído, Sacrificado.
O Saber, que Susto, fora Subestimado
Mas agora há Serenidade e Sabedoria
Nosso BraSil é com "S", de Solidariedade.
E essa Salada de Sabores, que deu em um Samba
Sincopado: Matemática e a Síndrome.
Vai deixar uma Semente...

Leo Akio Yokoyama

Sinopse

Este livro reúne tanto uma parte teórica como uma parte prática, em que são apresentadas atividades para a aquisição do conceito de número e a evolução do conceito de número natural, mais especificamente a quantificação de conjuntos discretos, por crianças e adolescentes com síndrome de Down.

Nesta perspectiva, as atividades são integradas a materiais multissensoriais, que podem ser montados por pais e professores, e pretendem melhorar a capacidade de quantificar conjuntos de objetos.

Sumário

Capítulo 1
Introdução

Espera-se que este trabalho seja uma contribuição relevante e pioneira para Educação Inclusiva Brasileira, para os anos iniciais do Ensino Fundamental, para os cursos de licenciatura e pedagogia e principalmente para os indivíduos com alguma deficiência cognitiva.

Este livro pretende divulgar para o público leigo, pesquisas que relacionam matemática e síndrome de Down, e atividades desenvolvidas com materiais multissensoriais na tese de doutorado de Leo Akio Yokoyama (2012), que propiciaram um melhor entendimento do conceito de número natural em crianças e adolescentes com síndrome de Down, mais especificamente relacionado à quantificação de conjuntos discretos.

Os materiais multissensoriais auxiliam o aprendiz com síndrome de Down no entendimento de alguns conceitos matemáticos através da manipulação desses materiais, pois a memória viso-espacial destes indivíduos não é afetada como a memória verbal de curto prazo.

Apesar do assunto contagem e quantificação terem sido muito bem estudados e pesquisados em crianças com desenvolvimento típico, a literatura sobre contagem em crianças com síndrome de Down é ainda muito escassa.

Além das atividades práticas, no capítulo 2 o livro apresenta um resumo teórico do desenvolvimento do conceito de número na criança com desenvolvimento típico e os resultados mais relevantes de pesquisas que relacionam matemática e síndrome de Down. Há também um quadro teórico que explica como as atividades propostas atuam em nível cognitivo. Será apresentada uma revisão da literatura sobre o ensino, aprendizagem e aquisição do conceito de número e contagem. Os primeiros resultados obtidos por Jean Piaget, a polarização de dois grupos: os que acreditavam que os conceitos eram inatos e outro grupo que acreditava que os procedimentos surgiam antes dos conceitos; e as mais recentes pesquisas que apontam para uma interação entre conceitos e procedimentos para a aquisição do conceito de número. Além deste assunto, estão expostas neste capítulo as poucas pesquisas que envolvem matemática e síndrome de Down. As dificuldades desses indivíduos com relação à memória verbal de curto prazo prejudicam a aquisição de novas palavras e consequentemente afetam o procedimento da contagem. No mesmo capítulo será explicitada a fundamentação teórica de David Tall e colaboradores, que dará sustentação para às atividades propostas que serão descritas no capítulo 3. A imagem conceitual de um indivíduo, que são todas as sensações e pensamentos que vêm para o indivíduo quando lhe é estimulado a pensar sobre um determinado conceito, pode ser modificada, ampliada de forma a auxiliar o indivíduo a compreender melhor o conceito em questão.

Por quantificação entende-se a capacidade de determinar a quantidade de elementos de um conjunto discreto qualquer. Há três formas de se quantificar um conjunto discreto: a) por *Subitizing:* que é a habilidade de determinar subitamente uma determinada quantidade. Por exemplo, quando sai a face 6 de um dado, geralmente não se conta os seis pontos, sabe-se apenas com um olhar rápido. b) por *Contagem*: a contagem típica [1], [2], [3], etc. c) por *Estimativa*: quando se determina a quantidade aproximada de pessoas em um estádio, por exemplo. Mas essa última forma não será explorada neste livro.

Pelo procedimento da *contagem* e *subitizing*, há três situações possíveis de quantificação: a) quando se pede para quantificar um conjunto fixo, por exemplo, 7 bolinhas desenhadas organizadamente ou não; b) quando se pede para quantificar um conjunto não fixo, por exemplo, 8 cubinhos de madeira dispostos organizadamente ou não; c) quando se pede para *selecionar* uma determinada quantidade de objetos de um conjunto com vários desses objetos para formar um subconjunto. Por exemplo, pede-se para o aluno selecionar ou fornecer ao professor 8 elementos dentre um conjunto com mais de 8 elementos. De acordo com Frye *et al.* (1989), este caso é o mais difícil cognitivamente, pois exige do estudante a noção exata da quantidade pedida, e será chamado de teste *"Selecione x"*. E é a partir deste estudo que se chegou à criação da A*tividade Fundamental de Quantificação*. A quantificação através da contagem é uma das primeiras habilidades matemáticas do ser humano. A partir do entendimento do conceito de número natural relacionado à quantificação é possível avançar para conceitos mais complexos como as quatro operações (adição, subtração, multiplicação e divisão). Infelizmente, para se avançar nessas habilidades matemáticas é necessário mais pesquisas que envolvem Matemática e síndrome de Down. Isso não significa que as pesquisas já desenvolvidas nesses campos, com crianças de desenvolvimento típico, não se aplicam à indivíduos com síndrome de Down. Apenas não existem pesquisas específicas que investigam matemática e síndrome de Down.

Capítulo 2

Pesquisas sobre Matemática e Síndrome de Down

Neste capítulo será abordado o histórico do desenvolvimento dos estudos sobre quantificação, as pesquisas que abordam a temática da aprendizagem da Matemática pelas crianças com síndrome de Down e a utilização dos dedos das mãos como um auxílio para a contagem. Na segunda parte tem-se a *fundamentação teórica*, com a teoria de David Tall e colaboradores (1981, 1989, 2000).

O termo *quantificação* é utilizado na *lógica, na matemática, na ciência e na linguagem natural*. Os *quantificadores* são elementos que representam as quantificações. Por exemplo, na linguagem natural os termos *todo, algum, nenhum, muitos, a maioria,* expressam ideias de quantificação. Na matemática e nas ciências a *quantificação s*e designa a traduzir em números, determinadas quantidades. Estas podem ser medidas ou contadas, e geralmente as que podem ser medidas pertencem a *conjuntos contínuos* e as contadas a *conjuntos discretos*. Por exemplo, medir a força gravitacional de um planeta, medir o volume de água de um recipiente, medir a energia liberada de uma explosão, medir distâncias, referem-se a conjuntos contínuos, e contar todas as possibilidades de jogar na loteria, contar dinheiro, contar o tempo referem-se a conjuntos discretos.

Para o presente trabalho, o significado de *quantificação* será o ato de determinar a quantidade de elementos de um conjunto discreto, sem ser considerada a quantificação para conjuntos contínuos. Segundo Nacarato (2000), existem três processos para se quantificar um conjunto: (a) *contagem*; (b) *subitizing*; (c) *estimativa*. Dos quais apenas os dois primeiros serão abordados neste livro.

Existem poucos trabalhos que envolvem matemática e síndrome de Down. Os trabalhos internacionais se concentram mais nos Estados Unidos e Inglaterra, mas há também trabalhos no Egito e Espanha. No Brasil praticamente não há pesquisas sobre o assunto. Estas pesquisas serão mais bem detalhadas ao longo deste capítulo.

Ainda neste capítulo, serão descritas as principais dificuldades que as crianças com síndrome de Down têm em quantificar e as possíveis razões para tais dificuldades, a importância da utilização dos dedos das mãos como um recurso que está ao alcance da maioria das pessoas, e talvez seja o primeiro instrumento para contagem e cálculos simples. E por fim, para interligar os assuntos anteriores à teoria de *Imagem Conceitual, Unidades Cognitivas, Raízes Cognitivas e Organizador Genérico,* desenvolvida por David Tall e colaboradores, fecha o capítulo juntamente com as considerações finais.

2.1 – Histórico dos estudos sobre o desenvolvimento do conceito de número na criança

O conceito de número na criança foi um dos principais assuntos que despertou o interesse de muitos pesquisadores, desde o final do século XIX e início do século XX. Historicamente, os estudos do desenvolvimento do conceito de número na criança, segundo Clements e Sarama (2009), são divididos em fases: Na primeira Dewey (1898), Douglass (1925) e Freeman (1912) iniciam seus estudos com os processos de quantificação, *subitizing e contagem,* e a relação entre eles. Na segunda fase surge Piaget (1952), que influenciou diversos pesquisadores, contrários e favoráveis a suas teorias. A terceira fase é marcada pelos opositores de Piaget, os chamados inatistas ou nativistas liderados por Gelman e Gallistel (1978). A quarta fase, dos que não concordavam com as ideias nativistas (Fuson, 1982, 1983, 1985), levou às pesquisas da quinta e atual fase: dos pesquisadores que optaram por conciliar as ideias polarizadas dos estudos anteriores (WYNN, 1990; BARRODY, 2003; MIX, 1999, 2002; BARBOSA, 2007).

Como as fases descritas por Clements e Sarama (2009) não são sequenciais e não têm delimitações temporais, e sim uma grande interseção entre elas, neste trabalho dar-se-á preferência para a descrição dos diversos focos ou pontos de vistas das pesquisas envolvidas.

2.1.1 – Primeiro Foco: *Subitizing*

O primeiro foco que será descrito é referente aos estudos sobre o processo de quantificação chamado *subitizing.* Segundo Mandler e Shebo (1982), o termo *subitizing* foi mencionado pela primeira vez em 1949 no artigo *"The discrimination of visual number"* de Kaufman, Lord, Reese e Volkmann, no qual os autores definem o processo como sendo um meio rápido, seguro e preciso de se obter a numerosidade de um conjunto até 6 elementos. Eles concluíram que, pelo tempo de reação, há três processos diferentes: (a) determinar conjuntos de 1 a 3 objetos é rápido e preciso; (b) respostas para conjuntos de 4 a 7 são baseadas em contagem mental; (c) acima de 7 elementos não é possível realizar uma contagem mental e as respostas são estimativas. Porém, se até 10 objetos estão arrumados em determinada configuração espacial, chamada de padrão canônico (Fig. 1), o tempo de reação para determinar a quantidade diminui drasticamente. Os participantes, adultos, não sabiam de antemão que apareceriam pontos que estavam em padrões canônicos, mesmo assim seus desempenhos foram muito superiores em relação à performance com pontos dispostos aleatoriamente. Não houve diferença significativa para os conjuntos de 1 a 3, estando os pontos nos padrões canônicos ou aleatoriamente, mas para os padrões 4 e 5 o tempo de resposta foi idêntica ao tempo para conjuntos de 1 a 3 elementos.

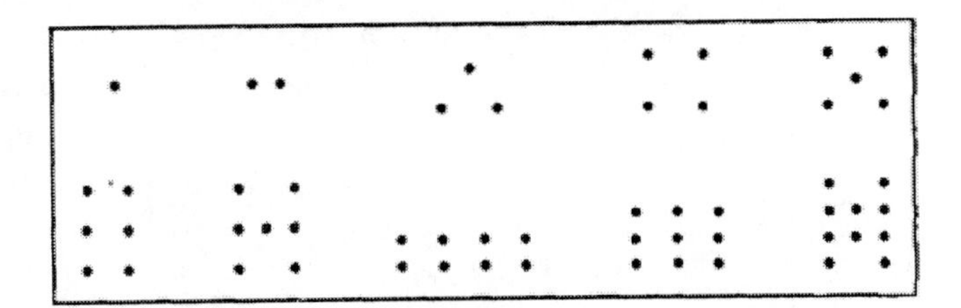

Figura 1: Os 10 padrões canônicos usados nos testes

Clements (1999) diz que *subitizing* significa "visualizar uma quantidade instantaneamente" e deriva da palavra latina "subitamente". Portanto *subitizing* é a capacidade de quantificar um conjunto discreto subitamente, sem utilizar um processo de contagem. Para alguns estudiosos do início do século XX, a contagem não implicava necessariamente que o indivíduo realmente compreendesse o significado do número obtido. Já no *subitizing* sim, por isso acreditavam que este seria um pré-requisito para a contagem. A outra evidência desse fato é descrito em Starkey e Cooper (1980), que constataram que bebês de 16 a 30 semanas de vida conseguiam discriminar pequenas quantidades de 1, 2 ou 3 objetos. Porém isso não ocorreu com um número de elementos acima de 4. Eles concluíram que o processo de *subitizing* é anterior ao processo de contagem e, além disso, ele é inato nos seres humanos.

Clements (1999) ainda faz a distinção de dois processos de *subitizing*: (a) *Subitizing perceptivo*: é a identificação da cardinalidade de um conjunto sem utilizar nenhum outro processo matemático. Por exemplo, as crianças "veem 3" objetos sem utilizar conhecimento matemático prévio. (b) *Subitizing conceitual*: é a determinação da cardinalidade de um determinado conjunto utilizando conceitos matemáticos anteriores. Por exemplo, no dominó com 9 pontos, há uma parte com 6 pontos e outra com 3 pontos. Pessoas que já reconhecem o 6 e o 3, e sabem que $6 + 3 = 9$, incorporam essa configuração e já não precisam realizar o processo de contagem para determinar esta quantidade. O que torna configurações espaciais, acima de 3, mais ou menos fáceis de serem identificadas são a forma com que os objetos estão arranjados. As formas retangulares são mais fáceis que as lineares, seguidas das formas circulares e por fim as formas aleatórias. Mas para as crianças muito jovens da pré-escola, o *subitizing conceitual* não é trivial, uma vez que as mesmas não têm muitas experiências com números. Preferem contar de um em um, já que o processo de contagem é mais difundido, no ensino de números, que *subitizing*. Além disso, os livros didáticos não apresentam configurações de objetos que tenham essa preocupação. Por exemplo, uma figura com pássaros enfileirados numa linha incentiva mais o processo de contagem que de *subitizing*. Clements termina concluindo que o processo de *subitizing* é uma importante e fundamental habilidade matemática que possibilita uma melhor compreensão do conceito de número, pois trabalha ideias de conservação e compensação, aprimora o processo de adição contando a partir de um número conhecido (counting on), composição e decomposição de números e o sistema de numeração decimal.

2.1.2 – Segundo Foco: A influência de Piaget

O segundo foco é marcado pelos trabalhos de Jean Piaget, que surgem de uma forma tão influente a ponto de redirecionar os estudos anteriores, principalmente focando o processo de contagem relacionado às operações lógicas. Piaget (1952, p. viii) lança uma hipótese de que o desenvolvimento da construção do conceito de número segue lado a lado com o desenvolvimento do raciocínio lógico, assim como o período pré-numérico corresponde ao mesmo período pré-lógico.

Nossa hipótese é que a construção dos números anda lado a lado com o desenvolvimento da lógica, e que o período pré-numérico corresponde ao período pré-lógico. Nossos resultados mostram que número é organizado estágio após estágio, em uma conexão próxima da elaboração gradual de sistemas de inclusão (hierarquia e classes lógicas) e sistemas de relações assimétricas (seriação qualitativa), as sequências de números resultam então de uma síntese operacional de classificação e seriação. Em nosso ponto de vista, operações de lógica e aritmética, portanto, constituem um sistema único que é psicologicamente natural, o segundo resultante da generalização e fusão do primeiro, sob as duas categorias complementares de inclusão de classes e seriação das relações [...]. Quando a criança aplica este sistema operacional para conjuntos que são definidos pelas qualidades de seus elementos, ela é compelida a considerar as classes separadamente (que dependem da equivalência qualitativa dos elementos) e relações assimétricas (que expressam as diferenças seriais). Daí o dualismo da lógica de classes e da lógica das relações assimétricas. (PIAGET & SZEMINSKA, 1952, p. viii, tradução nossa).

Essa correspondência está descrita no quadro abaixo:

Quadro 1: Correspondência entre a construção do conceito de número e o desenvolvimento da lógica

Período Pré-numérico	Período Pré-lógico
Sistemas de Inclusão: O 2 está incluso no 3.	*Hierarquia das classes lógicas:* Num desenho há 6 rosas e 2 margaridas. Pergunta-se: Há mais rosas ou mais flores?
Sistema de Relações Assimétricas Saber que: 1<2; 4<6; 7>5; etc.	*Seriações Qualitativas* Depende de equivalências qualitativas dos elementos. Por exemplo, em barrinhas de mesma espessura e comprimentos diferentes, saber qual delas é maior ou menor.
Sequências de Números: 1, 2, 3, 4, ...	Síntese operacional de classificação e seriação.

Para Piaget (1952), o raciocínio aritmético, o conceito de número e contagem são resultados da generalização e fusão das operações lógicas. Não seria possível entender o processo de contagem sem entender que o 3 está incluso no 4, ou o 4 inclui o 3. Além disso, a noção de sequenciamento também sustenta a contagem, pois é preciso corresponder às palavras-número em sequência correta, e à sequência de objetos criada pelo indivíduo. Esse procedimento só é válido se cada objeto for contado apenas uma vez. Tal procedimento não é trivial para algumas crianças.

O *Princípio da conservação* postulado por Piaget é a propriedade que um conjunto discreto tem, de não alterar sua cardinalidade, ou a quantidade de seus elementos, independente de mudanças em sua configuração espacial.

Segundo Piaget (1952) entender o "*Princípio da conservação é uma condição necessária para todas as atividades racionais*" (p. 3), e o pensamento aritmético estaria incluído nelas. "*Um número só é inteligível se mantém idêntico a si mesmo, independentemente da distribuição das unidades que o compõem*" (p. 3). Dado um determinado conjunto não vazio, permutando seus objetos de lugar ele continua tendo a mesma cardinalidade. Para Piaget, a criança só conseguirá quantificar um conjunto se ela for capaz de entender conjuntos que são conservados. Por exemplo, em seu clássico experimento com crianças entre 4 e 5 anos, eram apresentadas duas fileiras de 4 bolinhas cada em correspondência um a um. Ao serem questionadas sobre a quantidade de bolinhas, as crianças respondiam que havia o mesmo número de bolinhas nas duas fileiras. Então o pesquisador aumentava o tamanho de uma das fileiras aumentando o espaçamento entre as bolinhas. Neste caso a maioria das crianças respondia que havia mais bolinhas na fileira maior. Piaget concluiu que as respostas das crianças eram baseadas na aparência do tamanho da fileira e não no entendimento do conceito de número.

Portanto, para Piaget, sem as estruturas pré-lógicas as crianças não seriam capazes de entender o procedimento da contagem para resultar na quantidade de elementos de um conjunto discreto.

2.1.3 – Terceiro Foco: Primeiro os conceitos

Outro ponto de vista é marcado pelos críticos **à teoria de Piaget e à criação** dos *Princípios da contagem* por Gelman e Gallistel. As críticas a Piaget eram principalmente com relação à maneira que os testes foram conduzidos com as crianças, e à hipótese de que o entendimento das operações lógicas eram condições necessárias para a compreensão da quantificação dos elementos de um conjunto qualquer por meio da contagem. Por este motivo, o foco investigativo na contagem se tornou mais intenso.

Mehler e Bever (1967), por exemplo, refizeram o experimento das fileiras de Piaget, com algumas modificações. Submeteram-se ao experimento crianças ainda menores, de 2 anos e 4 meses a 4 anos e 7 meses, e o material utilizado foi bolinhas de argila e bolinhas de chocolate da marca M&M. Primeiramente apresentava-se duas fileiras com 4 elementos cada, e era perguntado se a quantidade era a mesma (Fig. 2a). Logo em seguida, diminuía-se o espaçamento entre os elementos de uma das fileiras acrescentando mais 2 elementos (Fig. 2b).

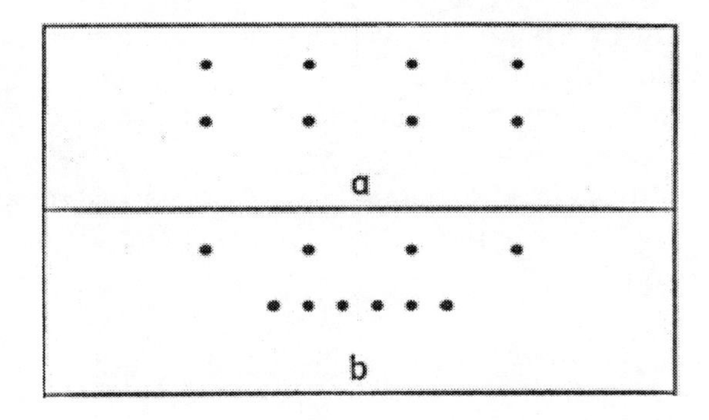

Figura 2: (a) mesmo espaçamento; (b) espaçamento e quantidades diferentes

A pergunta feita às crianças, no caso das bolinhas de argila, foi a mesma feita por Piaget: *"Qual fileira têm mais bolinhas?"*. E no caso dos chocolates, a instrução era: *"Escolha a fileira que você quer comer, e coma todos os M&M's desta fileira"*. O resultado foi que a grande maioria das crianças preferiu a fileira com mais bolinhas M&M àquela mais espaçada, porém com menos bolinhas. Este resultado sugere que o experimento de Piaget não é conclusivo em relação à competência numérica das crianças e, pelo fato das crianças conseguirem escolher a fileira com mais elementos, mostra que elas têm a capacidade que depende das estruturas lógicas das operações cognitivas (MEHLER; BEVER, 1967).

Por meio de experimentos chamados de "Magic experiments" Gelman e Gallistel (1978) mostraram que crianças entre dois anos e meio e cinco anos eram capazes de seguir os princípios de contagem que as pesquisadoras estabeleceram. Os princípios são:

i) Princípio da correspondência um a um: Na contagem de um conjunto discreto, associa-se uma única palavra-número a um único objeto do conjunto.

As crianças tendiam a atribuir uma única palavra-número a cada objeto.

ii) Princípio da ordem estável: As palavras-número devem ter sempre a mesma ordem.

As crianças sistematicamente mantinham a mesma ordem de palavras-número, mesmo sendo esta não convencional, por exemplo: [1], [2], [4], [5]...

iii) Princípio da cardinalidade: A última palavra-número pronunciada na contagem representa a cardinalidade do conjunto, ou seja, a quantidade de elementos.

Diante da pergunta *"Quantos objetos têm?"* as crianças diziam ou enfatizavam a última palavra-número.

Estes três primeiros princípios também são conhecidos como *"how-to-count principles"*, ou seja, os princípios de "como contar", e definem o procedimento de contagem.

Os últimos dois são:

iv) Princípio da abstração: Este diz que os três princípios anteriores podem ser aplicados a qualquer tipo de conjunto discreto, independente de sua natureza, seja concreto ou imaginário, som, ações.

Como as crianças se dispunham a contar objetos variados, os pesquisadores acreditavam que elas entendiam este princípio.

v) Princípio da irrelevância da ordem de contagem: Não importa a ordem que os elementos de um conjunto são associados às palavras-número, pois não influenciam no resultado final deste processo.

Crianças de 3 a 5 anos começavam a contar uma fileira de objetos a partir do meio , e a maioria delas teve sucesso. Em outro experimento, crianças de 3 e 4 anos observaram um boneco contando corretamente em um determinado sentido e ao contar no sentido inverso, ele errava de propósito. A maioria das crianças disse que a contagem estava errada, sugerindo assim o entendimento, por parte delas, que apesar da ordem da contagem ser diferente, o resultado final deveria ser igual à da primeira contagem.

Os pesquisadores desta fase acreditavam que *"o conhecimento destes princípios formavam a base para a aquisição da habilidade de contagem"* (GELMAN & GALLISTEL, 1978, p. 204), ou seja, o entendimento conceitual precedia a correta execução do procedimento de contagem. E, além disso, concluíram, por meio de experimentos, que os *princípios de contagem* eram inatos nas crianças.

2.1.4 – Quarto Foco: Primeiro os procedimentos

O quarto foco surge das indagações de alguns pesquisadores que duvidaram deste aspecto inatista hipotetizado por Gelman e Gallistel, e mostraram por meio de outros experimentos que crianças de 3 a 5 anos cometiam erros que colocavam em dúvida essa teoria nativista. Fuson, Secada e Hall (1983), Briars e Siegler (1984), Frye e Braisby (1989) e Winn (1990) testaram estes princípios de contagem.

Por exemplo, Frye et al. (1989) pesquisaram sobre o entendimento do procedimento de contagem relacionado à cardinalidade de um conjunto discreto. Os experimentos mostraram que crianças de 4 anos não têm o entendimento de que a última palavra-número representa a quantidade do conjunto contado. Além disso, as crianças não conseguiram compreender que a ordem de contagem é irrelevante para o resultado desta, pois achavam que ela estava incorreta se realizada de forma aleatória. Neste estudo ainda, são analisadas três tipos de perguntas relacionadas à cardinalidade: (a) *"Quantos objetos têm aqui?";* (b) *"Aqui tem X objetos?";* (c) *"Me* dê X objetos". Os resultados mostraram que para a primeira pergunta os resultados foram satisfatórios, para a segunda pergunta foram moderadamente bem, mas para a pergunta *"Me dê X objetos",* os desempenhos foram muito abaixo do esperado. Para os autores isso significou que esta última solicitação demanda de um entendimento maior da cardinalidade que as outras duas.

Para este trabalho, a solicitação *"Me dê X elementos"* será chamada de *Teste Fundamental,* justamente porque definirá se o participante tem ou não a capacidade desejada para o entendimento da cardinalidade. E a ação para realizá-la será definida como a ação de *selecionar X elementos.*

Winn (1990) concluiu, em um dos testes, que crianças até 3 anos e meio poderiam não entender o princípio da cardinalidade, ou seja, não relacionavam a última palavra-número com a quantidade de objetos de um conjunto. As crianças contavam um conjunto de três elementos e logo depois perguntava-se a elas quantos elementos havia. Geralmente elas recontavam ou diziam um numeral que não o último, ou então uma outra sequência de palavras-número. Além disso, Winn descobriu que uma criança, apesar de executar corretamente o procedimento da contagem de um determinado conjunto, e pronunciar ou evidenciar, a última palavra-número depois da pergunta *"Quantos objetos há nesse conjunto?"*, poderia não ter a compreensão da cardinalidade do conjunto. O que evidencia esse fato são os outros experimentos, chamados de testes *"Me dê um número"*, as crianças deveriam dar 1, 2, 3, 5 ou 6 brinquedos a um boneco. A maioria delas apanhava um punhado destes brinquedos e entregava ao boneco sem se preocupar com a quantidade solicitada. Por exemplo, pegavam 3 objetos para a solicitação de 5. Ao serem questionadas a conferir as crianças contavam "1", "2", "5", sugerindo o não entendimento da cardinalidade por parte delas.

Fuson et al. (1985, 1988), também concluiu que crianças até 4 anos não entendiam completamente o princípio da cardinalidade. Ao serem questionadas com a pergunta *"Quantos objetos há?"*, a maioria respondeu com a última palavra-número, porém não sabiam que esta se referia à quantidade de todo o conjunto ou ao último item do conjunto que fora contado. Uma possível explicação deste resultado é que as crianças aprenderam a responder a última palavra-número diante da pergunta *"Quantos objetos há?",* antes de entender o conceito de cardinalidade de um conjunto. Em outro exemplo, uma criança contou um determinado conjunto de 11 elementos com a sequência "1, 2, 3, 4, 5, 6, 7, 8, 9, 1, 2," e anunciou como resposta 2 elementos.

Estes resultados colocaram, assim, o *princípio da cardinalidade* em cheque.

Segundo Fuson (1982), apud Barbosa (2007), ao longo do processo de desenvolvimento das crianças, foi mostrado que a sequência de palavras-número recitada passava por mudanças na maneira de fazê-la. Começava, por exemplo, com *"umdoistrêsquatro..."* sem pausas, e depois já com uma diferenciação [um], [dois], [três], [quatro], em seguida há a associação um a um com objetos sem um significado cardinal. Com a aquisição de novas palavras-número a sequência pode se transformar em [um], [dois], [três], [seis], [cinco], [quatro], e aos poucos ela vai se aproximando da convencional. Portanto, todas essas modificações, sem o entendimento de cardinalidade, não ocorreriam se o *princípio da ordem estável* fosse inata.

Nos experimentos de contagem feitos por Fuson et al. (1983, 1985) as crianças acabaram cometendo vários erros que violavam o *princípio da correspondência um a um*: a) objetos apontados e não associados à palavras-número; b) objetos apontados que lhes foram atribuídos mais de uma palavra-número; c) objetos contados mais de uma vez; d) dizer palavras-número sem associar a nenhum objeto; e) não considerar alguns objetos ou esquecer de contá-los.

Além destes estudos, outros pesquisadores também questionaram a hipótese inatista de Gellman e Gallistel. Crianças, ao assistirem um bonequinho animado contando, tinham que dizer se a contagem dele estava certa ou errada (BRIARS e SIEGLER, 1984). O boneco fazia contagens não convencionais, explorando o *princípio da irrelevância da ordem*, e contagens erradas que violavam o *princípio da correspondência um a um*. O resultado foi que as crianças não sabiam diferenciar as contagens não convencionais, porém corretas, de contagens incorretas. Na maioria das vezes achavam que a contagem do boneco estava errada.

Com estes resultados pesquisadores sugeriram um olhar alternativo, com relação à aquisição do conceito de contagem, conhecido como "*Hipótese da frequência de exposição*" (RITTLE-JOHNSON; SIEGLER, 1998). A partir da frequente observação, imitação e participação das crianças em atividades que se utilizam da contagem, de variados tipos de objetos, em arranjos diversos, em diferentes contextos, é que se proporciona a elas o aprendizado do processo de contagem, e posteriormente, um amadurecimento e entendimento do conceito de número. Desde pequenas, crianças observam vários exemplos de contagem pelos pais e pessoas que estão à sua volta, todos os dias. Segundo os autores, a capacidade de imitação dos bebês pode auxiliá-las no aprendizado do processo de contagem, e consequentemente, na aquisição de alguns dos *princípios da contagem*. Então, nesta perspectiva, a habilidade de executar procedimentos da contagem se desenvolve anteriormente ao entendimento conceitual dos princípios. Portanto estes não deveriam servir de base para a aquisição desta habilidade por parte das crianças.

Ainda questionando as habilidades inatas dos princípios de contagem das crianças, o estudo de Mix (1999) afirma que o reconhecimento de equivalências numéricas nas crianças se desenvolve gradualmente e depende da variedade dos conjuntos envolvidos. Quando os conjuntos comparados são muito diferentes ou heterogêneos, as crianças de 4 a 5 anos podem ter mais dificuldades em reconhecer a equivalência numérica entre os conjuntos. Diferentemente de conjuntos semelhantes ou homogêneos, que são mais fáceis de serem comparados. Crianças com maior idade tinham um desempenho melhor que as menores. Mix conclui ainda, que a habilidade de contagem convencional é um importante fator para o reconhecimento de equivalências numéricas de conjuntos pouco semelhantes.

Até este momento, a discussão entre os pesquisadores estava polarizada. O que surge antes: os procedimentos ou os conceitos? A habilidade de contagem é guiada por princípios inatos ou ela é adquirida por meio de interações socioculturais que a utilizam? Dois grupos distintos se formaram. Os que acreditavam em "*Primeiro os Princípios*" e os que acreditavam em "*Primeiro os Procedimentos*". O fato é que não existem estudos que relatam que as crianças sabem os princípios da contagem, mas não realizam o procedimento da contagem corretamente, o que sugere que o aprendizado dos procedimentos de contagem vem antes do entendimento de seus princípios (RITTLE JOHNSON e SIEGLER, 1998). Diversos outros estudiosos tentavam buscar outras soluções para resolver o dilema destas questões. Começava então a quinta fase.

Dehaene (1997) descreve muito bem o final desta fase quando diz:

> A verdade, que está sendo progressivamente revelada após anos de controvérsia e de dezenas de experimentos, parece estar em algum lugar entre os extremos "totalmente inatos" e "totalmente adquiridos". Alguns aspectos da contagem são dominados muito precocemente, enquanto outros parecem ser adquiridos por meio da aprendizagem e imitação. (DEHAENE, S., 1997, p. 105, tradução nossa)

2.1.5 – Quinto Foco: Interação entre conceitos e procedimentos

As pesquisas deste último ponto de vista sugeriram mais duas possibilidades para relacionar conceitos e procedimentos. Eles aconteciam *concomitantemente* ou um influenciaria na aquisição do outro de forma *interativa*. Porém, a primeira possibilidade foi descartada, pois, segundo os pesquisadores, um tipo de conhecimento geralmente se desenvolve antes do outro (RITTLE-JOHNSON e SIEGLER, 1998, p. 108), não sendo possível, portanto, ocorrer no mesmo instante. A segunda possibilidade sugere que o conhecimento conceitual poderia conduzir a um avanço no conhecimento procedimental, cuja aplicação poderia levar a um melhor entendimento dos conceitos, e assim por diante.

Segundo Hiebert e Lefevre (1986) apud Baroody (2003, p. 12), o conhecimento procedimental é associado à ideia de *"como fazer?"* e o conhecimento conceitual à ideia de *"por quê?"*. E eles apresentam três conclusões a respeito deste assunto:

i) Considerando que o conhecimento conceitual envolve um conhecimento significativo e interconectado a outros, o conhecimento procedimental pode ou não estar conectado a outro conhecimento e, portanto pode ou não ser significativo.
ii) A distinção entre esses dois tipos de conhecimento pode ser difícil de perceber.
iii) Relacionar o conhecimento conceitual e o procedimental pode beneficiar enormemente a aquisição e aplicação do primeiro, assim como o último.

Baroody (2003) ainda acrescenta mais três observações sobre o assunto:

a) Conhecimento conceitual geralmente fundamenta inovações procedimentais.
b) A competência de se adaptar a uma nova situação envolve a integração do conhecimento conceitual e procedimental.

Ele defende a ideia de que o aumento da integração entre os conhecimentos conceitual e procedimental gera uma maior flexibilidade na invenção e na aplicação das estratégias.

c) Conhecimento conceitual pode desempenhar tanto um papel direto ou indireto na invenção de procedimentos.

Caminhando na mesma linha da integração e interação, os processos de *contagem* e *subitizing* foram questionados por Piazza, Mechelli, Butterworth e Price (2002) se eram realmente dois processos diferentes ou se eram funcionalmente interligados. E eles avaliaram que os dois processos não aconteciam em regiões neurais separadas, ou seja, quando indivíduos eram submetidos a testes de contagem e testes de subitizing, a mesma região do cérebro era ativada. A maioria dos autores considera a *contagem* como um processo de seriação de objetos, lento e sujeito a erros. E *subitizing* é considerado um processo inato, rápido, preciso e não seriado, como um processo de reconhecimento de padrões. Ou seja, dois processos totalmente diferentes. Porém, os pesquisadores contrários à ideia de dois processos distintos defendem a posição que *subitizing* e *contagem* apenas estão em níveis diferentes de dificuldade, mas não têm naturezas distintas. Segundo Piazza et al. (2002) a questão, de ser ou não dois processos diferentes e separados em nível cognitivo e neurológico, ainda está em aberto. O que estes pesquisadores descobriram foi que tanto em testes de contagem, de *subitizing* e de reconhecimento de padrões, uma mesma região cerebral é ativada, e há um aumento nessa ativação e na extensão da área cerebral, quando o número de objetos aumenta e estão dispostos aleatoriamente.

Não há pesquisas conclusivas que apontem, por exemplo, como a aquisição do conceito de número começa se existe algum conceito ou procedimento inato. Ou seja, não há respostas para o questionamento *"O quê surgiu primeiro: o ovo ou a galinha?"* Esta pergunta talvez não tenha relevância para este trabalho. O fato é que a ideia de interação entre conceitos e procedimentos foi a que se mostrou mais próxima deste trabalho, em que os participantes, a partir de seus conceitos e seus procedimentos prévios, desconstruíram alguns conceitos e procedimentos e construíram outros novos, sempre interagindo uns com os outros.

Enfim, essa pequena revisão histórica evidencia como os dois processos de quantificação, *contagem* e *subitizing,* vem sendo estudados e interpretados pela comunidade acadêmica, assim como a conceitualização da contagem, por meio dos princípios da contagem, e as tentativas de entendimento sobre a aquisição desta habilidade matemática e do conceito de número.

Mas afinal, o que é contar? Como isso se desenvolveu ao longo da história da humanidade e por que é um conceito abstrato? As respostas para estas perguntas podem auxiliar no desenvolvimento de atividades de contagem para crianças com síndrome de Down.

2.2 – O que é contar?

Os estudos sobre a aquisição do conceito de número, juntamente com a história da matemática, ajudam a entender um pouco da complexidade do procedimento de contar. No início deste capítulo foi feita uma diferenciação entre os processos de quantificação: *contagem* e *subitizing*. *Contagem* é um dos procedimentos para se quantificar um conjunto discreto. Referente a este, Brissiaud (1989) descreve duas maneiras de se representar quantidades por contagem: (a) por uma *coleção-testemunho*, ou (b) pelos *números*.

A primeira pode ser feita de várias formas, mas essencialmente ela é feita por correspondência termo a termo entre os elementos de um conjunto que se quer quantificar e uma coleção que registre essa quantidade. Como exemplos, pode-se pensar nos nossos ancestrais de mais de trinta mil anos que entalhavam marcações no osso e nas paredes das grutas pré-históricas para contabilizar a quantidade de animais abatidos (IFRAH, 1997). Os pastores alpinos e húngaros gravavam em tabuletas de madeira um traço para cada cabeça do seu rebanho. Na antiga Etiópia, os guerreiros antes de ir para o combate pegavam cada um, uma pedra e a depositavam em um recipiente. Na volta, cada um pegava uma pedra e as que sobrassem representariam a quantidade de soldados que não conseguiram voltar. Os próprios dedos das mãos também podem ser *coleções-testemunho,* e para representar quantidades, basta associar cada dedo a um elemento e deixar os dedos selecionados levantados.

Assim como os algarismos representam os números na forma escrita, neste trabalho a expressão *palavra-número* servirá para designar os números na forma oral, e será escrita entre colchetes. Por exemplo, a sequência numérica convencional de palavras-número poderá ser escrita de duas formas: "[um], [dois], [três], ...", ou mais simplificadamente: "[1], [2], [3], ...".

A outra forma de se representar quantidades é por meio de números. Cada número, numa sequência convencional, é colocado em correspondência um a um com cada um dos elementos de um determinado conjunto, e o último número mencionado representará a quantidade de objetos do conjunto em questão. Portanto, o ato de *contar* envolve necessariamente a correspondência um a um entre os elementos de um conjunto, que se queira quantificar, e elementos da *coleção-testemunho* ou das *palavras-número*. Por um lado o resultado da contagem é um registro que representa a determinada quantidade, como os entalhes no osso, e por outro, é simplesmente um número, um símbolo que a representa.

No segundo caso, aquele em que se utilizam números como processo de quantificação são necessários os *princípios da contagem* definidos por Gelman e Gallistel (1986). A utilização do procedimento de contagem, historicamente, ocorre muito tempo depois do procedimento do entalhe. Portanto, é possível conjecturar que a contagem por números é cognitivamente mais difícil que a contagem por *coleções-testemunho*. Naquela, além de fazer a correspondência um a um, é preciso memorizar uma sequência padrão de palavras-número, e saber que a última representa a cardinalidade do conjunto. Bem diferente da *coleção-testemunho* que basta a correspondência termo a termo.

É possível fazer uma breve comparação entre os dois procedimentos em termos dos cinco princípios da contagem. Em ambos os procedimentos, dois dos princípios da contagem, *abstração* e *irrelevância da ordem*, estão de certa forma presentes, ou seja, mesmo que os homens da antiguidade não usassem números, perceberam que era possível, para um mesmo tipo de registro, determinar a quantidade de ovelhas de um rebanho, homens de um exército, animais abatidos numa caça. Mesmo o fato de associar termo a termo entalhes e objetos já é uma demonstração de abstração relevante, que a partir daí pode-se abstrair para a representação escrita até chegar aos números como se conhece atualmente. Ifrah comenta que:

> Quando se pode emparelhar, termo a termo, os elementos de uma primeira coleção com os de uma segunda coleção, se descola, com efeito, uma noção abstrata, inteiramente independente da natureza dos seres ou dos objetos em presença que exprime uma característica comum às duas coleções. Noutras palavras, a propriedade do emparelhamento suprime a distinção que existe entre dois conjuntos do fato da natureza de seus elementos respectivos. É em razão dessa abstração que o artifício da correspondência unidade a unidade é suscetível de desempenhar um papel importante em matéria de enumeração. [...] E é por isso que o recurso a intermediários

> materiais pode revelar-se de uma grande utilidade na circunstância, pois fornece um certo número de *coleções-modelos* aos quais alguém pode sempre referir-se independentemente da natureza de seus constituintes. Gravando vinte entalhes, por exemplo, num bastão de osso de boi, pode-se tanto considerar vinte homens, vinte carneiros ou vinte cabras, como vinte bisões, vinte cavalos, vinte dias, vinte peles, vinte canoas ou tantas medidas de trigo. (IFRAH, 1997, p. 24)

Em relação ao princípio da irrelevância da ordem, esse tipo de registro não dependia da ordem que cada elemento era selecionado. Por exemplo, não importava a ordem dos homens que pegavam as pedras. Porém o procedimento de contagem por meio de *coleções-testemunho* não se utiliza do princípio da ordem estável, ou seja, não é necessária uma ordem padrão de palavras para associar aos elementos, e consequentemente, não existe o princípio da *cardinalidade*, já que a representação da quantidade é todo o registro em si, e não uma palavra ou símbolo que a represente.

Então é possível pensar nos processos cognitivos a mais que são necessários para se realizar o procedimento da contagem por números. Eles relacionam-se com a abstração do conceito de número, e os princípios da *ordem estável* e da *cardinalidade*. Em relação aos dois últimos, os processos cognitivos são basicamente um fator *linguístico*, a *memorização* e a *coordenação motora*. É preciso memorizar a sequência padrão de palavras-número e fazê-las corresponder a cada objeto de um conjunto, apontando com o dedo, visualizando os que já foram contados e os que ainda faltam. E por fim, lembrar e saber que a última palavra-número mencionada representa a quantidade de elementos do conjunto.

Existe ainda a abstração do conceito de número, ligeiramente diferente do princípio da abstração de Gelman e Gallistel (1986). Associar um mesmo número, na forma escrita por extenso, na forma escrita numérica ou oralmente, para representar quantidades iguais de objetos totalmente distintos requer um nível de abstração não trivial. Gelman e Gallistel (1986, p. 80) referem-se ao princípio da abstração, apenas no sentido da aplicação dos três princípios de "como contar" (correspondência um a um, ordem estável e cardinalidade) a diferentes grupos de objetos. É claro que para poder utilizar desses três primeiros princípios, um indivíduo já tem a abstração do conceito de número.

Historicamente, todas as civilizações e povos utilizaram diferentes formas e instrumentos para quantificar os diversos tipos de conjuntos, até chegar ao atual e abstrato *sistema decimal de numeração*. Segundo Ifrah (1997), para alguns povos "não civilizados", como os botocudos do Brasil, os pigmeus e zulus da África, os aranda da Austrália, bastavam-lhes apenas poucas palavras para quantidades de 1 a 4. Usavam uma palavra para o "um" e outra para o "dois". Para o 3 combinavam as palavras "dois e um" e para o 4 "dois e dois". Quantidades acima destas eram designadas com alguma palavra referente a "muitos" ou "vários". Eles desconheciam o sistema de numeração decimal, se recusaram a aprendê-lo (para alguns povos houve tentativas de se ensinar o sistema atual), e não sentiam necessidade de modificar sua forma de quantificação, cuja concepção era apenas a unidade e o par.

O homem começa a história dos números registrando quantidades por meio de coleções-testemunho, entalhes em ossos ou madeiras, pedras, paus, conchas; outros povos se utilizaram dos dedos das mãos, pés, pulso, cotovelo, ombro e outras partes do corpo. Mais tarde, surge a grande ideia da escrita para representar as coleções-testemunho, e surgiram diversos símbolos para representar os números e diversas bases numéricas, até se chegar ao sistema de numeração decimal. Todas essas formas de quantificar utilizavam o princípio básico da correspondência termo a termo. Porém, é com os povos que utilizaram de partes do corpo para quantificar que nasce algo novo, o embrião para o surgimento de uma sequência de "palavras-número".

Ifrah (1997) descreve como alguns povos "primitivos" quantificavam por meio de gestos corporais juntamente com as palavras associadas a esses gestos. Para dar um exemplo, uma aldeia do nordeste de Nova Guiné britânica utilizava os seguintes gestos e palavras:

Tabela 1 – Números associados aos gestos corporais e às palavras em uma aldeia do nordeste da Nova Guiné britânica

Número	Gestos correspondentes	*Palavras associadas a estes gestos*
1	Dedo mínimo da mão direita	*anusi*
2	anular da mão direita	*doro*
3	médio da mão direita	*doro*
4	indicador da mão direita	*doro*
5	polegar da mão direita	*ubei*
6	pulso da mão direita	*tama*

7	cotovelo da mão direita	*unubo*
8	ombro direito	*visa*
9	orelha direita	*denoro*
10	olho direito	diti
11	olho esquerdo	*diti*
12	nariz	*medo*
13	boca	*bee*
14	orelha esquerda	*denoro*
15	ombro esquerdo	*visa*
16	cotovelo da mão esquerda	*unubo*
17	pulso da mão esquerda	*tama*
18	polegar da mão esquerda	*ubei*
19	indicador da mão esquerda	doro
20	médio da mão esquerda	*doro*
21	anular da mão esquerda	*doro*
22	dedo mínimo da mão esquerda	anusi

Fonte: IFRAH, 1997, p. 28

Percebe-se que algumas das palavras são repetidas como, por exemplo, *anusi* para 1 e 22. O que vai diferenciar um número de outro é justamente os gestos que foram preestabelecidos em uma ordem, sem a qual haveria ambiguidade de quantidades. Ou seja, a sequência de gestos, criada por esse povo é fundamental para que se consiga realizar contagem. *"Tudo isso nos incita, portanto, a pensar que, na noite dos tempos, o gesto precedeu os métodos de expressão oral dos números."* (IFRAH, 1997, p.30). É interessante notar que para designar uma determinada quantidade não bastava falar uma única palavra, como por exemplo, *diti* para 11, como fazemos, e sim era necessário seguir todos os gestos na sequência até o olho esquerdo.

A próxima e crucial etapa para a *contagem* por meio de números é a utilização de *palavras-número,* ou seja, a nomenclatura para os números, pois sem ela não seria possível desenvolver esse procedimento de quantificação. Segundo Ifrah (1997):

> Uma vez organizado num sistema de sucessão natural, o conjunto dos números inteiros permite fazer intervir uma nova faculdade destinada a acrescentar um papel essencial: a contagem. ''Contar'' os objetos de urna coleção é atribuir a cada um de seus constituintes um símbolo (isto é, uma palavra, um gesto ou ainda um sinal gráfico) correspondendo a um número pousado na sequência natural dos inteiros, começando pela unidade e procedendo na ordem até o fim dos elementos dessa coleção. Cada símbolo ou apelação assim atribuído a cada um dos objetos do conjunto em questão será chamado, então, por seu número de ordem na coleção assim transformada em procissão. O número de ordem do último objeto desse agrupamento ordenado nada mais é que o número dos elementos deste último. (IFRAH, 1997, p. 39).

Pelo que se pode perceber, o ato de *contar* por meio de números, para o autor, coincide exatamente com os princípios *"how to count"* de Gelman e Gallistel (1986): Correspondência um a um entre objetos da coleção a ser contada e símbolos ou o conjunto dos números naturais,□ = {1, 2, 3, 4, 5,...}; ordem estável do sistema de sucessão natural ou sequência natural dos inteiros; e a *cardinalidade* do conjunto representada pelo número de ordem do último objeto desse agrupamento.

Independentemente se a contagem é por *coleção-testemunho* ou por *números*, o que a define é justamente a ação de corresponder aos elementos de dois conjuntos.

A abstração do conceito de número reside no fato de que é necessário bloquear todas as outras qualidades de uma determinada coleção de objetos e focar apenas na quantidade de elementos desse conjunto. Poder-se-ia também pensar em uma abstração de cores ou formas dos objetos, ou seja, em algumas propriedades desses objetos. Mas o conceito de número é muito mais abstrato porque, além de ignorar a natureza particular dos objetos de um conjunto, ele é uma propriedade de uma coleção de objetos, e que só pode ser observada quando se comparam duas coleções.

2.3 – Matemática e Síndrome de Down

As crianças ditas "normais", com "desenvolvimento típico", ou seja, que não têm nenhum comprometimento físico, cognitivo ou psicológico, geralmente desenvolvem a habilidade de contagem naturalmente, por volta dos 5 ou 6 anos de idade, por meio de suas experiências e interações sociais, brincadeiras e jogos com amigos, sem a necessidade de atividades específicas de contagem. Nos anos iniciais não existe uma "aula de contagem", como há a aula de multiplicação ou divisão. As próprias circunstâncias do cotidiano já propiciam situações em que há a necessidade de contagem, e as crianças vão adquirindo esta habilidade aos poucos. Segundo Geary (1994), crianças de 2 anos se ocupam com atividades de contagem de brinquedos, de biscoitos e nas brincadeiras. Os adultos que estão em volta das crianças cantam canções com números, por exemplo: *"um, dois, três indiozinhos, quatro, cinco, seis indiozinhos..."*, contam os dedos, mudam canais de TV. Todas essas atividades influenciam de alguma maneira o entendimento do procedimento de contagem nas crianças.

Sabe-se que as crianças com síndrome de Down, em sua maioria, têm muita dificuldade com relação a habilidades matemáticas (PORTER, 1999; NYE, BUCKLEY, BIRD, 2005), mais do que em outras áreas do conhecimento. Fazendo uma analogia com a história do conhecimento, Ifrah (1997) afirma que a aritmética foi o conhecimento mais difícil e demorado de ser assimilado pela humanidade, em comparação com a linguagem e a escrita. Então é compreensível que as crianças com síndrome de Down tenham mais dificuldades nessa área, e a habilidade de quantificação pelo processo da contagem não é diferente.

O artigo de Abdelahmeed (2007) faz um levantamento dos estudos de contagem em indivíduos com síndrome de Down e aponta os principais resultados:

a) Os indivíduos com síndrome de Down aprendem o procedimento da contagem mecanicamente por meio da imitação de exemplos e da ênfase na repetição, o chamado modelo de aprendizagem associativa (GELMAN e COHEN, 1988; CORNWELL, 1974).
b) Segundo Hanrahan e Newman (1996), a partir dos 5 anos as crianças com síndrome de Down já são capazes de aprender algumas regras básicas de contagem.
c) Cornwell (1974) afirmou que as crianças com síndrome de Down, quando interrompidas durante suas contagens, começavam novamente ou simplesmente não completavam a contagem, paravam de contar.

d) Gelman e Cohen (1988), em um estudo comparativo entre crianças com síndrome de Down, de 10 a 12 anos, e crianças com desenvolvimento típico, de 4 a 5 anos, observaram que as crianças com síndrome de Down não conseguiam se beneficiar de dicas e sugestões para resolver novas situações de contagem; precisam de instruções exatas ou a apresentação de possíveis soluções, diferentemente das crianças sem deficiência intelectual, que além de se saírem melhor nos testes de contagem, conseguiam detectar alguns de seus próprios erros e aproveitar de dicas sutis.
e) Porter (1999) afirma que o erro mais frequente das crianças com síndrome de Down é em relação à sequência de palavras-número convencional, elas frequentemente esquecem algumas delas. E os outros erros mais frequentes eram apontar para um objeto e não associar nenhuma palavra-número, e associar mais de uma palavra-número a um mesmo objeto.
f) De acordo com Gelman (1982), as consequências em aprender a contar mecanicamente por repetição de exemplos é que os indivíduos não conseguem detectar erros de contagem cometidos por outros, e também não pronunciam a última palavra-número que representa a cardinalidade do conjunto. Ainda segundo a autora, a autocorreção em relação aos erros de contagem é algo muito difícil para crianças com alguma deficiência mental. E dão respostas incoerentes relacionadas às suas próprias contagens, como uma palavra diferente das palavras-número.
g) Segundo Caycho, Gunn e Siegal (1991), a maioria das crianças com síndrome de Down tem dificuldades em contagem. Porém, parece que elas têm uma compreensão implícita a respeito do princípio da correspondência um a um, do princípio da ordem estável, do princípio da irrelevância da ordem e do princípio da abstração, apesar de cometer constantes erros na sequência numérica padrão.

Os erros que estão sinalizados com (SD) são cometidos frequentemente pelas crianças com síndrome de Down, e os que estão com (T) são mais cometidos pelas crianças com desenvolvimento típico (PORTER, 1999; GELMAN, 1982; ABDELAHMEED, 2007). Os erros identificados no processo de contagem (FUSON, 1988), para as crianças em geral, podem ser definidos como erros de:

a) (SD) *sequência numérica*: Errar a sequência de palavras-número pulando-as ou voltando a alguma já recitada.

b) (SD) *apontar sem rotular*: Apontar para um objeto, mas não associar nenhuma palavra-número;
c) (SD e T) *objetos ignorados*: Objetos não considerados na correspondência 1-1, ou seja, não receberam nenhuma palavra-número e nem foram apontados.
d) várias palavras para um *apontamento*: Apontar para um objeto e associar mais de uma palavra-número para este, no momento do apontamento;
e) (T) *contagem dupla I*: Contar mais de uma vez o mesmo objeto, em momentos diferentes, ou seja, um mesmo objeto recebe duas palavras-número e dois apontamentos;
f) (SD) *contagem dupla II:* Indicar duas palavras-número para um mesmo objeto no mesmo instante do apontamento.
g) (SD e T) *entendimento da quantidade*: Quando é feita a pergunta: *"Quantos objetos temos aqui?"*, o indivíduo não repete a última palavra-número e refaz o procedimento de contagem.

O erro da letra d) é um erro possível de ser cometido mas não tem tanta frequência em nenhum dos dois grupos.

Porter (1999) observou 16 crianças com síndrome de Down entre 7 e 13 anos. Fez testes de contagem simples e outro de detecção de erros cometidos por um boneco. Apenas uma das crianças detectou todos os erros e outras duas detectaram os erros sobre o princípio da cardinalidade. O restante não foi capaz de detectar nenhum erro. Elas tinham algum entendimento com relação à cardinalidade, ou seja, ao perguntarem *"Quantos objetos há?",* elas responderam com a última palavra-número pronunciada. Porém elas tiveram muitas dificuldades no teste do princípio da ordem estável. Quase 50% das crianças pulavam algum número, por exemplo: [1], [2], [4], [5], [6]. E outras três, além desse erro voltavam a contagem: [1], [2], [7], [8], [9], [6], [7], [8], [9]. Há evidências que as pessoas com síndrome de Down têm uma deficiência na memória de curto prazo, o que torna mais difícil o aprendizado de novas palavras, em particular as palavras-número.

Nye et al. (2001) fizeram um estudo comparativo entre crianças sem deficiência cognitiva entre 2 e 4 anos, e crianças com síndrome de Down entre 3 e 7 anos. Nenhum dos participantes dos dois grupos conseguiu realizar com sucesso o teste fundamental para quantidades acima de 3 objetos. Apenas 2 das 14 crianças com síndrome de Down, e 7 das 20 sem deficiência intelectual, conseguiram, por *subitizing*, selecionar até 3 objetos. Outra diferença significativa é com relação às palavras-número, tanto no que diz respeito à sequência numérica convencional, quanto à quantidade de vocábulos numéricos. Em geral, as crianças sem deficiência cognitiva recitavam a sequência numérica com menos erros, e atingiam um maior número de palavras-número, consequentemente conseguiam contar um maior número de objetos. Ambos os grupos tiveram melhor desempenho quando estavam acompanhados pelos pais ou responsáveis. Segundo os autores, as crianças com síndrome de Down desta faixa etária, apesar de conseguirem realizar o procedimento da contagem, não tinham um entendimento conceitual da cardinalidade acima de 3.

Bashash, Outhred e Bochner (2003) estudaram 30 crianças e adolescentes entre 7 e 18 anos, dentre eles 13 com síndrome de Down e o restante com alguma deficiência intelectual. Esses estudantes eram oriundos de uma escola especializada para crianças com deficiência intelectual, na Austrália, e faziam parte de um programa individualizado de Matemática (contagem, correspondência, reconhecimento de número e conjuntos de uma determinada quantidade), que durava cerca de 30 minutos por dia. Esse programa foi desenvolvido pelos professores da própria escola e existia há 10 anos. Os alunos foram divididos em três grupos etários, os mais jovens (7 a 11 anos), os medianos (12 a 15 anos) e os mais velhos (16 a 18 anos). As sessões duravam em média 30 minutos. A pesquisa revelou que há diferenças significativas com relação às habilidades numéricas e conceito de número entre os três grupos etários. Os medianos e os mais velhos tiveram desempenho semelhante, e bem superior em comparação aos mais novos. E além disso, quanto menor o número de objetos envolvidos no teste melhor eram os resultados, e vice-versa. Os números trabalhados foram de 1 a 15.

Os autores afirmam em seu artigo, a partir do desempenho de alguns de seus participantes na pesquisa em questão, que indivíduos inseridos em programas Trainable Mentally Retarded (TMR), de treinamento para estudantes com retardo mental são capazes de descobrir princípios matemáticos básicos para utilizá-los em estratégias mais eficientes em contagem, por exemplo, para fazer o próximo conjunto de "N" a partir do número já conhecido (counting-on), ao invés de contar todos os elementos do novo conjunto (counting-all).

No artigo de Abdelahmeed (2007) há uma crítica a esse estudo de Bashash et at (2003) dizendo que os resultados apresentados estão longe da realidade, ou seja, afirmar que indivíduos com síndrome de Down têm um explícito entendimento de contagem é uma inverdade. Observa-se que o objetivo do artigo não é analisar a metodologia da escola, que parece ser bem sucedida no que se propõe a ensinar. Para um observador menos atento, a interpretação dos resultados poderia ser simplesmente que aulas individualizadas, de meia hora por dia, auxiliam os alunos a realizar, de forma competente, os mesmos testes das atividades diárias, de conceituação de números relacionados à quantificação de conjuntos discretos, já que os testes utilizados na pesquisa são muito semelhantes às atividades realizadas diariamente pelos participantes. Mas o fato é que a escola especial em questão se propôs a aplicar sua própria metodologia sobre números a seus alunos, que tiveram um desempenho superior aos participantes de outros estudos, e os pesquisadores apenas constataram que a idade e as experiências pelas quais passam os indivíduos com deficiência intelectual são de extrema relevância para a aquisição de novos conceitos. Afirmam ainda que não há diferenças significativas entre o desempenho dos participantes com deficiência intelectual e o de crianças com desenvolvimento típico com a mesma idade mental, eles passam pelos mesmos estágios cognitivos. A única diferença entre os desenvolvimentos é o tempo, sendo que a velocidade de aquisição de conhecimento para indivíduos com deficiência cognitiva é menor. E por fim, o artigo sugere que os currículos e programas educacionais deveriam enfatizar as necessidades de aprendizagem para o longo da vida dos indivíduos com deficiência intelectual.

Justificativas dos erros

Na seção anterior foram citados os erros mais frequentes e estudos comparativos relacionados a indivíduos com síndrome de Down e o procedimento de contagem. A seguir, serão expostas algumas justificativas que explicam os erros cometidos pelos indivíduos com síndrome de Down e suas dificuldades acerca da contagem. Elas podem ser de ordem física, psicológica e emocional.

Abdelahmeed (2007) cita motivos psicológicos, sociais e culturais para as dificuldades em contagem das crianças com síndrome de Down. Elas geralmente, diante de uma nova situação de aprendizagem ou de tarefas muito difíceis, tentam se esquivar, fazendo brincadeiras para parar a atividade ou iniciando sem terminá-las, ou ainda se recusando a fazê-las. Outro possível motivo é a baixa expectativa de pais e educadores em relação à capacidade de aprendizagem dos portadores de síndrome de Down. Com isso, muitos preferem propor atividades manuais, artísticas e recreativas a propor atividades que envolvam assuntos acadêmicos.

O modelo de *memória de trabalho* de Baddeley (1992) se propõe a explicar os diversos fenômenos relacionados ao desempenho da memória de curto prazo. A *Memória de trabalho* faz parte do sistema cerebral que é responsável pelo armazenamento de informações de curto prazo e o processamento e a manipulação de todas as informações disponíveis que são necessárias para funções cognitivas complexas, como compreensão da linguagem, raciocínio e aprendizagem. A memória de trabalho se subdivide em três partes: (a) o *executivo central*, que é um sistema de atenção e controle, usado, por exemplo, para jogos de raciocínio e outros dois sistemas subordinados a este; (b) a memória de curto prazo *viso-espacial*, também chamada de *bloco de notas viso-espacial*, responsável pela manipulação de imagens; (c) e a memória de curto prazo *verbal* ou *alça fonológica*, que processa as informações ligadas à audição e fala, por exemplo, aquisição de vocabulário da língua nativa ou da segunda língua. Uma característica importante do modelo é a distinção destes dois últimos sistemas, ou seja, o setor responsável pelas informações viso-espaciais é independente do setor que processa as informações verbais (JARROLD e BADDELEY, 2001). Há três evidências para este fato: a primeira diz respeito a testes que influenciam um dos aspectos e têm pouca ou nenhuma influência sobre o outro. A segunda evidência é que em análises neurológicas de padrão cerebral detectaram-se atividades em locais distintos do cérebro quando associadas a tarefas de memória de curto prazo verbal e viso-espacial. E por fim, há casos de pacientes adultos que sofreram danos cerebrais e passaram a ter uma deficiência maior em um dos aspectos e não no outro.

Segundo Jarrold & Baddeley (2001), as pessoas com síndrome de Down tem um déficit na memória de curto prazo, especialmente a memória *verbal* de curto prazo, em contraste à memória *viso-espacial*. A memória de curto prazo é responsável por manter informações por um curto período de tempo, e os testes que a avaliam, basicamente aumentam gradativamente o número de informações para descobrir o máximo que um indivíduo consegue armazenar. Essas informações podem ser recebidas de diversas formas, como pela audição (verbal) ou pela visão (viso-espacial). Especialistas dizem que, apesar de terem dificuldades de audição e na articulação da fala, estes não são fatores que causam problemas na memória de curto prazo. Existe um problema específico da memória verbal dos indivíduos com síndrome de Down que prejudica vários aspectos cognitivos, por exemplo, em memorizar novas palavras, incluindo as palavras-número. As crianças com desenvolvimento típico têm uma velocidade na aquisição da capacidade de memória de curto prazo maior que as crianças com síndrome de Down, e estas podem nunca chegar à capacidade de armazenamento daquelas. Estudos mostraram que apenas a memória verbal de curto prazo é comprometida em pessoas afetadas pela síndrome, e a memória viso-espacial de curto prazo é relativamente intacta. Pesquisas descobriram que o funcionamento da memória verbal de curto prazo relaciona-se com a aprendizagem de novas palavras, e como foi mostrado que indivíduos com síndrome de Down possuem um déficit na memória verbal de curto prazo, uma possível consequência é a dificuldade na aquisição de vocabulário. No caso específico deste trabalho, os indivíduos com síndrome de Down têm dificuldades em memorizar a sequência padrão de palavras-número, ou seja, a sequência numérica convencional.

Outros estudos mostraram que existe uma estreita relação entre memória de trabalho e habilidades matemáticas. Keller e Swanson (2001) pesquisaram crianças com e sem dificuldades em Matemática. Mostraram que crianças que tinham uma memória de trabalho pouco eficiente tinham dificuldades em Matemática. E considerando a recíproca, as crianças que eram pouco habilidosas em Matemática tinham problemas com a memória de trabalho. Wilson e Swanson (2001) também investigaram esse tema com participantes de várias faixas etárias. Um dos resultados diz que indivíduos sem dificuldades em Matemática tiveram melhor desempenho em atividades de memória de curto prazo verbal e viso-espacial. E o mais interessante, o desempenho das memórias de curto prazo verbal e viso-espacial, detectadas nos participantes, preveem o seu desempenho nas habilidades matemáticas. Abdelahmeed (2007) afirma que não existem muitos estudos que relacionam memória de trabalho e contagem, e muito menos com indivíduos com síndrome de Down.

Possíveis atividades

Alguns estudos investigaram a influência de determinadas atividades na melhora do desempenho da memória de trabalho e de habilidades matemáticas em crianças com síndrome de Down. Estes estudos estão descritos abaixo.

Em Comblain (1994), foram utilizadas estratégias de repetição e ensaio, de números, palavras e figuras, em crianças, adolescentes e adultos com síndrome de Down. O treinamento durou 8 semanas, sendo 30 minutos por semana. O examinador apresentava uma figura e falava seu nome, abaixava a figura e pedia para o participante repetir o nome, se tivesse êxito o examinador mostrava novamente a figura nomeando-a e apresentava a próxima figura. O objetivo para o participante era lembrar a sequência de figuras apresentadas na mesma ordem. Por exemplo: Examinador: *cachorro;* Participante: *cachorro;* Examinador: *cachorro, gato;* Participante: *cachorro, gato.* Os resultados foram bem interessantes. Logo após terminado o treinamento, os indivíduos que participaram dele tiveram um desempenho muito superior ao grupo de controle, que não teve nenhum treinamento. Após seis semanas e também após seis meses foram feitos pós-testes, que apontaram a não utilização das estratégias de ensaio e a queda significativa do desempenho da memória de trabalho em relação ao primeiro pós-teste, mas por outro lado significativamente melhor que no início do experimento.

Outro estudo curioso é de Laws, Buckley, Mac Donald e Broadley (1995), que analisa a influência da leitura no desempenho da memória verbal e viso-espacial de curto prazo em crianças com síndrome de Down de 8 a 14 anos. Os resultados mostram que as crianças que liam ou que se tornaram leitoras tiveram um melhor desempenho nas atividades de memória de curto prazo do que as crianças não-leitoras, portanto, concluíram que a atividade de leitura promoveu o desenvolvimento da memória de trabalho.

Já, o artigo de Nye, Buckley e Bird (2005) afirma que a utilização do NUMICON (material multissensorial que será apresentado neste livro e será descrito no capítulo 3 sobre *aplicação das atividades*) em crianças com desenvolvimento típico influenciou na melhora dos conceitos de número nestas crianças. Eles fizeram, ainda, um estudo com este material junto com um grupo de crianças com síndrome de Down, entre 5 e 14 anos, que utilizou o Numicon e outro grupo que não o utilizou, durante um ano. As atividades com o Numicon foram as sugeridas pelo fabricante do produto, como a identificação e seleção das formas numéricas do Numicon, contagem, identificação de números pares e ímpares, adição e conceito de dobro combinando as formas, relacionando o valor de moedas com as formas numéricas. Estas atividades foram aplicadas pelos professores dos alunos, que por sua vez foram orientados pelos pesquisadores. Ambos os grupos passaram pelos mesmos testes ao longo de um ano e não foram constatadas, estatisticamente, diferenças significativas no desenvolvimento das habilidades aritméticas, de vocabulário, de leitura, de memória auditiva de curto prazo e de gramática em ambos os grupos. Ela atribui a isso o fato de ter sido analisado um número pequeno de crianças, e além disso, os testes aplicados exigiam, às vezes, um nível elevado da memória de curto prazo. Analisando somente as habilidades numéricas, o grupo com Numicon teve um leve avanço de 17% a mais que o grupo sem o Numicon. Os autores ainda analisaram os indivíduos do grupo com Numicon que ficaram acima da média deste grupo. Essas crianças realizavam as atividades regularmente, tinham bastante interesse nas atividades com números, principalmente nas atividades de soma e subtração. O artigo termina concluindo que o material e o método auxiliam na aquisição dos conceitos iniciais de número, os professores conseguem perceber mais facilmente se as crianças estão pensando de forma correta ou confusa, o material é adequado para as crianças que se beneficiam de uma abordagem multissensorial no seu aprendizado, e para algumas crianças o Numicon parece ajudar muito no entendimento das primeiras habilidades numéricas.

Um estudo que se utilizou da tecnologia dos computadores foi o de Tudela e Ariza (2006). Nele, foi analisado o tipo de abordagem no ensino de contagem para crianças com síndrome de Down. Dois grupos de crianças de 6 anos foram formados, um composto por 10 crianças, realizou atividades apresentadas por um software num computador, e outro grupo de 8 crianças teve as mesmas atividades com lápis e papel, ou seja, todas as telas das atividades no computador foram impressas em papel e apresentadas da mesma forma que no software a esse grupo. O objetivo dos autores foi verificar até que ponto a utilização do computador influencia no ensino e na aprendizagem de conteúdos matemáticos em crianças com síndrome de Down, mais especificamente o teste *"Me dê X elementos"* (FRYE, 1989), e os três princípios de contagem definidos por Gelman e Gallistel: princípio da correspondência um a um, princípio da ordem estável e princípio da cardinalidade. Os outros dois princípios, da irrelevância da ordem e da abstração, não foram analisados. Após o pré-teste, as crianças realizaram as atividades por 21 semanas em 15 sessões, com duração média de 35 minutos por encontro. Os resultados mostraram que o grupo de controle não teve diferenças significativas entre pré e pós-teste, por outro lado, o desempenho do grupo que trabalhou com o software no computador melhorou de forma significativa em todos os aspectos. Os autores sugerem que o ensino tradicional não favorece a aquisição dos conceitos de contagem e de quantidade para crianças com síndrome de Down, e por outro lado, atividades com material multimídia poderiam auxiliar no desenvolvimento de estratégias para a aprendizagem desses conteúdos.

Existem possibilidades para uma melhora na qualidade do ensino e aprendizagem dos indivíduos com síndrome de Down. Como foi citado, o hábito da leitura, o uso de computadores, treinamentos frequentes do uso da memória verbal, assim como atividades numéricas e a idade, são fatores que influenciam em algum nível o desempenho da aprendizagem em pessoas com síndrome de Down.

A próxima seção descreve mais uma possibilidade para se trabalhar com crianças com síndrome de Down. É a utilização de um "instrumento" bastante óbvio e de fácil acesso, porém um pouco negligenciado, pois não há registros de pesquisas sobre seu emprego: os dedos das mãos.

2.4 – Habilidades e Conscientização dos Dedos das Mãos

Os dedos das mãos talvez sejam a primeira ferramenta matemática usada no auxílio da contagem e de cálculos. Segundo Ifrah (1997) historiadores relatam que povos de todo o mundo utilizavam os dedos para essa função. Segundo Brissiaud (1992) outra forma de quantificação, além do processo da contagem e do *subitizing,* é a correspondência um a um dos elementos de um conjunto com os dedos das mãos, e ele afirma, ainda, que sua utilização é de extrema importância para a aquisição dos conceitos numéricos ligados à numerosidade. Ele define *conjunto-símbolo de x dedos* como a *quantidade de x dedos levantados*, e defende a ideia de que, antes de ensinar às crianças os procedimentos da contagem, que são os 3 primeiros princípios da contagem de Gelman, deve-se ensinar a elas as palavras-números associadas à quantidade de dedos correspondente, sem necessariamente mencionar a sequência numérica padrão. Ele mostra o exemplo com seu filho Julien de 2 anos e 11 meses, que sabia os *conjuntos-símbolo* de *1 e 2 dedos*, ou seja, ele sabia reconhecer 2 dedos levantados, sabia levantar 2 dedos se solicitado e era capaz de selecionar um conjunto de 2 fichas. Para introduzir o conceito de *três,* o autor fez:

> Brissiaud (mostrando três dedos levantados): *"Agora me dê isso em fichas; Você está vendo, assim, isso é três."*;
>
> Julien deu exatamente três fichas para ele;[...]
>
> Brissiaud (mostrando um conjunto de três fichas): *"Mostre-me com seus dedos quantas fichas tem aqui."*;
>
> Julien olhou para o conjunto de fichas e então para seus dedos. Ele levantou seu polegar, seu indicador e o dedo médio da sua mão direita enquanto segurava para baixo o dedo anelar e o dedo mindinho com sua mão esquerda.
>
> Brissiaud: Sim! Como você chama isso em fichas?
>
> Julien não respondeu [...] (BRISSIAUD, R. 1992, p. 46-47, tradução nossa)

Nota-se que Julien não sabia o nome da quantidade do conjunto de *três* fichas, porém ele sabia como proceder com *conjunto-símbolo* de três dedos para representar a quantidade de 3 fichas sem contar os dedos. E mais, ao ver o *conjunto-símbolo* de três dedos, selecionou a quantidade de fichas correspondente, sem utilizar o procedimento da contagem. O autor ressalta a importância da representação de quantidades pelos dedos preceder o simples conhecimento das palavras-número e da sequência numérica padrão sem significado, sem associar às respectivas quantidades. Muitas crianças aprendem somente a recitar a sequência numérica com os pais, com cantigas, com outras pessoas do círculo de convivência, mas a maioria não tem consciência do significado quantitativo delas. Para Brissiaud, seu filho construiu uma genuína conceitualização de quantidade, baseado em um sistema gesticular de *conjuntos-símbolo* de dedos e não um sistema verbal de palavras-número. Isso ajudou Julien a avançar e generalizar para números acima de 4, e posteriormente entender o processo de contagem. Há outras evidências do entendimento de Julien sobre a cardinalidade de conjuntos. Ele fazia espontaneamente correspondências um a um com personagens de um desenho e seus dedos, dizendo que a quantidade de personagens era *"como isto"*, levantando a respectiva quantidade de dedos. Aos 4 anos e 8 meses, ao realizar uma contagem de dedos, parou de repente para dizer: *"Eu nunca me lembro deste"*, referindo-se aos 7 dedos levantados. Segundo o pai, Julien por conta própria decidiu não "chutar" um outro nome à quantidade 7 pois sabia que o número que dissesse deveria representar os 7 dedos levantados. E mais, o garoto estava coordenando e controlando dois sistemas de sinais simultaneamente, o gesticular com os dedos e a sequência padrão de palavras-número, que tinham o mesmo significado.

Brissiaud (1989) ainda fala sobre uma vantagem da utilização dos dedos para iniciar a conceitualização de quantidade relacionada às palavras-número. Mais que visualizar a quantidade de dedos, o indivíduo sente a quantidade levantada, e isso influencia a aquisição do conceito de número mais que apenas observando quantidades de objetos ou ouvindo uma sequência de palavras-número.

O estudo de Noël (2005) investiga a relação entre o reconhecimento tátil dos dedos, chamado de *"finger gnosia"*, e habilidades numéricas. *Gnosia* significa o reconhecimento de objetos e sensações por meio de um dos cinco sentidos, no caso o tato dos dedos. Surpreendentemente, ela afirma que o desempenho nos testes de reconhecimento tátil dos dedos é um bom previsor das habilidades numéricas, depois de um ano dos testes. Participaram deste experimento 45 crianças de 5 a 7 anos. No teste de *"finger gnosia"* o pesquisador tocava um ou dois dedos dos participantes sem que eles vissem, e tinham que dizer quais dedos foram tocados. Quinze meses depois esses participantes foram submetidos a testes de habilidades numéricas. Aqueles que tiveram mais dificuldades em identificar os dedos tocados não tinham um desempenho matemático tão bom quanto aqueles que identificaram os dedos mais facilmente. Um exemplo interessante mostra que este grupo teve um melhor desempenho em testes de representação de dedos, em particular, um teste de contagem de dedos, dada uma certa configuração pelos pesquisadores. Esse estudo concluiu que, para crianças de 5 a 7 anos, testes de *"finger gnosia"* poderiam identificar precocemente possíveis habilidades e inabilidades matemáticas. As justificativas desta relação, um tanto estranha à primeira vista, são duas: (a) uma visão relaciona a localização da região do cérebro responsável por ambas as habilidades cognitivas, e elas estão na mesma área cerebral, por isso tendem a se desenvolver de forma similar. Existe um caso de um paciente que sofreu um dano cerebral nesta determinada região do cérebro, e a partir de então, tinha dificuldades em identificar, reconhecer e discriminar os dedos, a chamada "*finger agnosia*", além disso, passou a ter dificuldades com os números. (b) A segunda justificativa é a que relaciona-se com a funcionalidade dos dedos. Alguns exemplos: para realizar o procedimento da contagem geralmente aponta-se um dedo para os objetos contados; os dedos são utilizados para representar quantidades, e também para realizar pequenas operações de adição e subtração. Então é bem razoável que haja uma relação funcional entre os desenvolvimentos da gnose dos dedos e das habilidades numéricas.

A utilização dos dedos das mãos, portanto, pode ser uma aliada na aquisição do conceito de número pelas crianças com síndrome de Down. Pelo fato de estar trabalhando a mesma região do cérebro que as habilidades numéricas, pelo desenvolvimento da coordenação motora para utilizar no procedimento da contagem e por proporcionar ao participante uma sensação dos números, mais que uma simples visualização.

A seguir, será desenvolvida a fundamentação teórica que se propõe descrever uma teoria desenvolvida por David Tall e colaboradores, e a explicar de maneira mais detalhada, como as atividades propostas neste trabalho podem influenciar na aquisição da habilidade de quantificação.

2.5 – Imagem Conceitual, Unidades Cognitivas e Organizador Genérico

Quando um indivíduo pensa em um determinado conceito, pode vir à sua mente imagens, sons, cheiros, gostos, sensações, propriedades do conceito, processos associados ao conceito. Tudo isso é adquirido pelas experiências pessoais, vivências, estímulos, observações, de forma consciente ou inconsciente ao longo de anos. Tall e Vinner (1981) definem o termo *imagem conceitual* (concept image) como sendo todas as estruturas cognitivas que se relacionam com um determinado conceito. Por exemplo, o conceito de "3". É possível pensar nos 3 mosqueteiros, que 3 pontos não colineares formam um triângulo, nas 3 cores primárias, na santíssima trindade, nos trios de forró que utilizam apenas a zabumba, o triângulo e a sanfona, em 3 dedos levantados, nos 3 meses de uma estação, em 1+1+1=3, que 3 é o primeiro número primo ímpar, em 3 como sucessor de 2 e antecessor de 4, que vivemos num mundo tridimensional, na marcação de 3 tempos para diversas danças, etc.

Existem vários tipos de estímulos, e cada um deles pode evocar diferentes porções da imagem conceitual. Neste caso, ela é chamada de *imagem conceitual evocada,* e é somente ela que pode ser observada ou percebida. Com o passar do tempo, a imagem conceitual vai se desenvolvendo e pode não ser sempre logicamente coesa. Então, segmentos conflituosos da imagem conceitual evocados ao mesmo tempo podem gerar confusão e conflito. E nesse caso, o indivíduo precisa tomar a decisão de qual escolher, para seguir seu raciocínio.

Cada indivíduo constrói sua própria definição acerca de um conceito, e esta definição pode ou não ser equivalente à definição formal aceita pela comunidade matemática. Esta construção pode simplesmente ser a reprodução de uma definição decorada ou pode ser a junção de partes da imagem conceitual. Com isso, esta definição pode ser modificada ao longo do tempo. A sentença de palavras usadas por um indivíduo para definir um determinado conceito é chamada, nesta teoria, de *definição conceitual* (concept definition).

Todo conceito pode ser ensinado ou aprendido, começando pela *definição conceitual* ou pelos possíveis segmentos da *imagem conceitual* que ele gera. Cada professor deve decidir qual o caminho mais apropriado para cada assunto. Começando pela definição conceitual é esperado que, a partir dela, sejam trabalhados desdobramentos e consequências desta definição. Iniciando-se pelas partes da imagem conceitual, é desejável que em algum momento se defina formalmente o conceito, ou seja, se apresente ao indivíduo a definição de conceito formal. Por exemplo, um aluno pode saber a definição formal de um losango: *um quadrilátero com os lados congruentes;* e não saber como utilizá-la ou criar uma falsa característica da imagem conceitual, como todo losango é um quadrado. Por outro lado, se um aluno tem uma imagem conceitual razoável acerca do conceito de losango e não tem a definição formal, ele pode achar que um quadrado não é um losango. Ou seja:

> Da mesma forma que uma definição de conceito (mesmo uma que corresponda à definição formal) sem uma imagem de conceito rica poderia ser inútil; uma imagem de conceito rica sem uma definição de conceito adequada pode ser traiçoeira. Uma definição de conceito inconsistente com a

> definição formal não é necessariamente parte de uma imagem de conceito pobre ou inconsistente; nem uma imagem de conceito pobre necessariamente inclui uma definição de conceito incorreta. Em resumo, uma definição de conceito consistente com a definição formal, uma imagem de conceito rica e uma imagem de conceito consistente são fenômenos mutuamente independentes. Assim sendo, esta teoria sugere que a abordagem pedagógica para um conceito matemático deve objetivar não somente a compreensão da definição formal, mas também o enriquecimento das imagens de conceito desenvolvidas pelos estudantes. (GIRALDO, V. 2004, p. 10)

Um indivíduo pode ter partes de sua imagem conceitual e da definição de conceito conflituoso um com os outros, ou seja, existem fatores potencialmente conflituosos e que podem não ser evidentes para ele, porém o conflito cognitivo somente aparece quando as partes conflituosas são evocadas no mesmo instante, por algum estímulo, como uma questão, um exercício, uma atividade. Quando isso ocorre, estas partes são chamadas de *fatores de conflito cognitivo*. Por exemplo, um aluno pode acreditar que $\pi = 180^{o}$, mas ele sabe também que $\pi = 3{,}1415...$, então como deve proceder para determinar $sen\ \pi$, ou a área de um determinado círculo com a fórmula $A = \pi r^2$?

Tall e Vinner (1981) defendem que esses fatores de conflito cognitivo podem ser obstáculos para o aprendizado dos alunos, principalmente se o conflito for entre uma parte da imagem conceitual e a definição conceitual. Se um indivíduo não conseguir resolver esse conflito, pode acabar ignorando um deles e jamais conseguir conectá-los de forma significativa. Por outro lado, os fatores de conflito cognitivo, se bem trabalhados, podem ajudar numa melhor compreensão do conceito.

É importante ressaltar que para este trabalho não será considerado a definição conceitual de número natural dos participantes, já que não é objetivo trabalhar com a definição matemática formal de número natural.

Quando uma pessoa pensa em um determinado conceito, automaticamente lhe vem à mente pelo menos alguma parte da sua imagem conceitual relacionada a este conceito. Se este sujeito consegue focar sua atenção nessa estrutura cognitiva por um determinado instante, ela é chamada de *unidade cognitiva* (BARNARD & TALL, 1997). Ela pode ser um símbolo como *"5"*; um fato elementar como *"2x3 é igual a 6"*; uma propriedade geral, como *"todo número composto pode ser representado em fatores primos"*; um procedimento, como a contagem até o número x; uma relação como *"os vetores* $\overline{V} = (1,-2,0)$ *e* $\overline{u} = (-2,4,0)$ são múltiplos entre si"; uma passagem lógica numa demonstração; um teorema, como *"a soma das medidas dos ângulos internos de um triângulo euclidiano é 180°"*.

Os autores ainda destacaram dois aspectos importantes para o sucesso no pensamento matemático:

i) Capacidade de comprimir informação para formar unidades cognitivas;

ii) Capacidade de criar conexões entre unidades cognitivas de modo que informações relevantes possam ser acessadas rapidamente.

Tall (1989) define ainda um tipo especial de unidade cognitiva denominada *raiz cognitiva,* que é um "conceito-âncora" que possui a característica de ser facilmente entendido pelo estudante em questão, e ser uma possível base para a construção do conceito. A importância de ser algo familiar para o estudante é que, a partir disso, ele pode iniciar o desenvolvimento de um novo conceito. Por exemplo, a respeito do conceito do "número 5", uma possível raiz cognitiva poderia ser o procedimento da contagem até 5, pois a partir deste, que já é conhecido pelo aluno, é possível relacioná-lo com a unidade cognitiva *conjuntos quaisquer de 5 elementos*, ampliando assim a imagem conceitual de "número 5".

Tall (1989) pensou em uma maneira de acessar as unidades cognitivas, as quais fazem parte da imagem conceitual, de modo que o usuário observe e manipule exemplos e contraexemplos relacionados a um determinado conceito ou um sistema de conceitos relacionados. Define, então, um *organizador genérico*, ou seja, um ambiente de aprendizagem (micromundo) onde o usuário possa manusear os objetos deste ambiente, observar relações possíveis e não possíveis entre esses objetos e perceber os conceitos matemáticos contidos nesse micromundo. Outro objetivo do organizador genérico é fornecer uma visão global do conceito e, com isso, possibilitar *insights* que aprimorem seu entendimento. O autor ressalta, ainda, a importância e relevância da presença de dois fatores: (a) da *raiz cognitiva* (TALL et al., 2000), já que ela é a semente capaz de germinar o desenvolvimento de um novo conceito e; (b) a presença dos contraexemplos no organizador genérico, diferente de alguns materiais concretos que focam apenas os exemplos do conceito.

Realmente, os contraexemplos são os possíveis erros que um indivíduo pode cometer. Conhecendo-os, ele automaticamente descarta aquelas possibilidades de erros, amplia sua imagem conceitual e direciona-se cada vez mais ao entendimento do conceito.

Abaixo tem-se um esquema da teoria:

Esquema 1: A Imagem conceitual e o Organizador Genérico

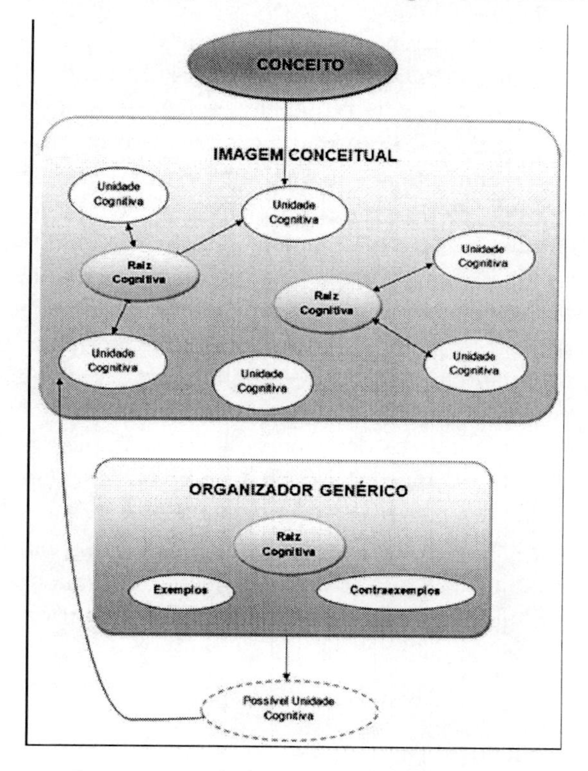

A partir da teoria criada por Tall e colaboradores, foi possível conjecturar outras possibilidades de interpretação, sem alterar a essência da teoria, e são apresentadas a seguir:

Seguindo o esquema apresentado acima, considere um indivíduo que é convidado a pensar sobre algum conceito e recebe um determinado estímulo relacionado a ele, como por exemplo, um exercício, uma atividade, uma questão, uma palavra, uma visualização, um som. Este estímulo, automaticamente faz com que a mente acesse uma parte da imagem conceitual, a primeira unidade cognitiva. Nada impede que esta primeira unidade cognitiva possa ser uma raiz cognitiva, e talvez seja interessante que seja. Esta, por sua vez, é a base para a aquisição de outras unidades cognitivas. Também é possível que exista mais de uma raiz cognitiva. Logo depois, é possível que a mente acesse outras unidades cognitivas relacionadas e estimuladas pela primeira, que podem ou não estar relacionadas matematicamente. Por exemplo, o conceito de número π pode acessar as unidades cognitivas: *trigonometria*, *círculo trigonométrico*, *π no círculo trigonométrico*, $\pi = 180^{o}$(equivocadamente). Por outro lado, também pode acessar outras unidades cognitivas: *perímetro da circunferência $2\pi R$, área do círculo πR^2*, $\pi = 3{,}14$. E o indivíduo não sabe como relacionar os dois valores de π que havia pensado (180° e 3,14). Claro que existe também uma definição formal deste conceito que pode ou não ser equivalente à definição conceitual, que é gerada a partir da imagem conceitual do indivíduo em questão. Pode ocorrer também que existam unidades cognitivas em potencial que não estão na imagem conceitual do indivíduo, ou seja, novas propriedades a serem aprendidas e, consequentemente, incorporadas à imagem conceitual. Neste ponto que o organizador genérico pode atuar.

Ainda observando o esquema 1, o organizador genérico entra em cena como um ambiente de aprendizagem, que contém em sua estrutura, pelo menos, uma raiz cognitiva, alguns exemplos e contraexemplos relacionados com o conceito, e tem como objetivos dar uma visão mais ampla do conceito, conectar *unidades cognitivas*, apresentar possíveis *unidades cognitivas* e gerar novas *unidades cognitivas (possível unidade cognitiva)*. Estas são automaticamente incorporadas à *imagem conceitual*, que por sua vez, é ampliada, contribuindo para um melhor entendimento do conceito. Portanto, o organizador genérico organiza as unidades cognitivas, relaciona-as de forma coerente e as interliga, criando novas unidades cognitivas.

2.6 – Considerações

O objetivo principal deste livro é apresentar algumas propostas de atividades para aquisição do conceito de número com relação à quantificação. Estas serão descritas no capítulo de aplicação das atividades. A primeira atividade é chamada de *Atividade Fundamental de Quantificação,* e a segunda é a *Atividade Significativa da sequência padrão dos números naturais.*

A partir do *histórico dos estudos sobre o desenvolvimento do conceito de número nas crianças,* pode-se traçar uma estratégia para o desenvolvimento de uma atividade que considera importante tanto o processo quanto o conceito. Esta estratégia leva em consideração que o conceito de número é adquirido pela interação entre o conhecimento de conceitos e o conhecimento de procedimentos. Os procedimentos a serem considerados são a *contagem* e o *subitizing*. Os conceitos considerados são o número enquanto quantidades de conjuntos discretos e os números da reta numérica.

A segunda parte deste capítulo (O que é contar?), descreveu as dificuldades cognitivas pelas quais passou a humanidade para representar quantidades, da técnica do entalhamento até chegar ao procedimento da contagem como é conhecido atualmente. Este começa a ser desenvolvido com a criação das palavras-número, com as partes do corpo, e a determinação de uma convenção: que a última palavra-número pode representar a quantidade do conjunto contado. A partir da história, é possível perceber a complexidade do conceito de número e seu nível de abstração.

Levando em consideração as dificuldades das crianças com síndrome de Down, principalmente pela deficiência na memória verbal de curto prazo, é possível pensar em estratégias para superar essas dificuldades. Como a memória viso-espacial não é tão afetada, pode-se trabalhar com o procedimento do *subitizing* para ampliar a imagem conceitual dos números de 1 a 10 enquanto quantidades de conjuntos discretos. A utilização e a visualização da sequência numérica de 1 a 10 podem servir como suporte à deficiência de memorização da sequência numérica padrão, facilitando o acesso às propriedades e informações relevantes da reta numerada.

É preciso, também, criar uma estratégia para a autocorreção, sem causar constrangimentos e o participante desistir da atividade. Esta estratégia, descrita na aplicação das atividades, utiliza as formas numéricas do Numicon como se fosse um "gabarito". Com isso, o aprendiz pode perceber que se o número contado for diferente do número do Numicon, sua contagem estará errada. Por outro lado, se o resultado da sua contagem coincide com a quantidade solicitada, o gabarito lhe mostra que ele contou certo e com isso ele vai adquirindo o conceito de número. Isso acontece também na segunda atividade, na qual as crianças podem detectar os próprios erros.

Baseado nas descrições de Brissiaud (1989) e aproveitando a memória viso-espacial (não afetada) dos indivíduos com síndrome de Down, a conceitualização dos números de 1 a 10 deveria ser trabalhada, primeiramente, definindo os números de forma a associá-los à quantidade de dedos correspondente. E neste livro também será trabalhada uma "nova" conceitualização dos números de 1 a 10, apresentando as formas numéricas do Numicon o outro material, denominado "Material Akio", e junto com os dedos das mãos, da mesma maneira que o autor fez com seu filho Julien, ou seja, a apresentação da forma numérica {7}, do Numicon, poderá ser vinculada ao conceito do número sete e a 7 dedos levantados (cinco de uma mão mais dois de outra). A utilização dos dedos das mãos também fará parte de um dos *organizadores genéricos* com o objetivo de ampliar a *imagem conceitual* dos números de 1 a 10.

Os objetivos específicos das atividades são criar, modificar, organizar e conectar *unidades* cognitivas que estão aparentemente desvinculadas, como o *procedimento da contagem até 5* e a *quantidade de 5 objetos*, ampliando assim a *imagem conceitual* de *número,* de forma que os indivíduos com síndrome de Down tenham uma melhor percepção do conceito e lhes possa ser útil em sua vida pessoal, como por exemplo, na manipulação de valores, de dinheiro e de outros objetos e aquisição de outras habilidades matemáticas.

Capítulo 3
Aplicação das Atividades

Para saber se uma criança tem ou não o conceito de número bem estruturado, com relação à quantidade, existe um teste muito simples que pode ser feito: o *teste fundamental de quantificação.*

3.1 – O Teste Fundamental de Quantificação

Fuson e colaboradores (1983) mostraram que algumas crianças "aprenderam" uma regra para responder à pergunta: "*Quantos objetos há neste conjunto?*". E a regra é pronunciar a última palavra-número da contagem. A questão levantada por eles é que, apesar da resposta estar correta, este fato não garante que a criança tenha a compreensão da quantidade de elementos do conjunto.

Frye et al. (1989) realizaram um experimento interessante a respeito do entendimento de cardinalidade com crianças de 3 anos e 9 meses a 4 anos e 11 meses. Apesar de elas saberem bem o procedimento da contagem, o seu entendimento com relação ao objetivo, de quantificação da contagem, não estava claro. Havia três tipos de questões de cardinalidade no experimento: *"Quantos objetos existem aqui?", "Aqui existem X objetos?"* e *"Por favor, pode me dar X objetos?"*. As crianças responderam bem à questão *"quantos objetos?"*, moderadamente à questão *"existem X objetos?"*, e insuficientemente à questão *"Me dê X objetos"*. Segundo os autores, essa diferença de resultados não se deve ao fato dos diferentes tipos de respostas demandadas. Aliás, para eles, as perguntas *"existem X objetos?"* e *"Me dê X objetos"* deveriam ser mais fáceis de responder, pois para a primeira, a resposta é *sim/não,* e para a segunda a criança selecionaria os objetos ao mesmo tempo em que contava, sem ter a necessidade de gerar uma resposta verbal. Já a pergunta *"quantos objetos?"*, deveria ser a mais difícil, pois é necessário realizar o procedimento anterior e gerar um número como resposta. Porém os resultados apontaram o contrário. Uma possível explicação para esses resultados aparentemente contraditórios é que as questões *"existem X objetos?"* e *"Me dê X objetos"*, deveriam ser mais difíceis, pois demandariam mais do entendimento de cardinalidade das crianças. Para a pergunta *"quantos objetos?"* bastaria enunciar a última-palavra número, já nas outras duas questões as crianças provavelmente tentariam comparar a quantidade dada com a quantidade do conjunto. O artigo conclui que os participantes da pesquisa que conseguiram realizar com sucesso à solicitação *"Me dê X objetos"*, tinham um entendimento da cardinalidade de um conjunto discreto bem superior ao dos que não tiveram êxito nesta atividade.

Para o presente trabalho, este teste será chamado de *teste fundamental da contagem*.

3.1.1 – Procedimento

Toda vez que a criança e o adulto estiverem numa situação de contagem, dê prioridade para o questionamento: *"pode me dar x objetos?"*. Claro que numa situação de contagem de pessoas ou objetos fixos isso não é possível, e nesse caso pode-se estimular a simples contagem. Por exemplo, se a criança está brincando com alguns objetos, o adulto pode pedir que ela dê 2 desses objetos para outra pessoa. Comece sempre com números bem baixos e vá aumentando conforme o desempenho da criança.

Se a criança não conseguiu selecionar a quantidade de objetos solicitada é possível realizar atividades que auxiliam na aquisição do conceito de número. Muitas vezes as crianças que não têm sucesso nesse teste dão um punhado de objetos, sem contagem.

3.2 – Materiais Multissensoriais

Os materiais, os instrumentos e os recursos utilizados neste livro são chamados de multissensoriais pelo fato de influenciarem em mais de um dos cinco sentidos do ser humano, como a visão, o tato e a audição. A importância desta variedade de ferramentas educacionais tem suporte na seção 2.5 com a ideia de Tall *et al.* (1981; 1989) em ampliar a imagem conceitual que influencia diretamente a compreensão e o entendimento de determinado conceito, neste caso de números naturais e quantificação. Além disso, como os indivíduos com síndrome de Down não têm dificuldades com a memória viso-espacial, esse tipo de material pode auxiliar na aquisição de novas unidades cognitivas, principalmente porque exploram o tato e a visão dos participantes.

3.2.1 – Dedos das mãos

Os dedos das mãos são o primeiro "instrumento" sensorial do ser humano que o auxilia na aquisição do conceito de número relacionado à quantidade. Com eles é possível literalmente *sentir* as quantidades de zero a dez. É de extrema importância que a criança sinta os números por meio da quantidade de dedos levantados, pois esta ação é uma experiência muito mais intensa do que o ato de ver apenas (BRISSIAUD, 1989). Por exemplo, com os olhos fechados, uma criança é capaz de selecionar e levantar 7 dedos, por outro lado, a disposição de 7 objetos em uma configuração qualquer já não é tão fácil de se determinar apenas olhando. E é por meio deste recurso que outra porção da imagem conceitual de número será trabalhada para aquisição da habilidade de *subitizing*[1] e do conceito de número natural relacionado à quantidade.

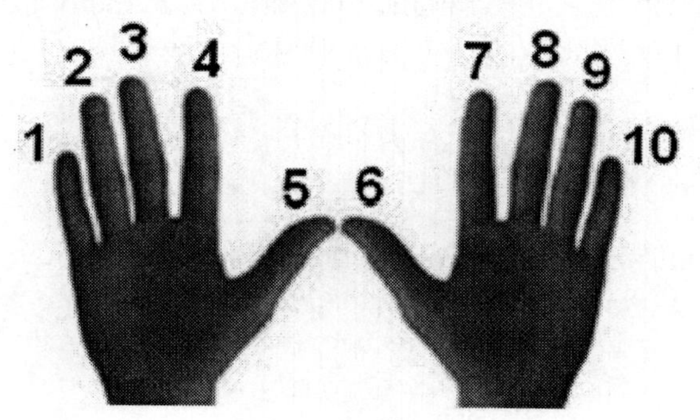

Figura 3: Dedos das mãos

Atividade: Reconhecer e selecionar quantidades de dedos
Material: somente as mãos

É importante que a criança seja capaz de realizar três tipos de ação com relação aos dedos das mãos, ou seja, que ela tenha três habilidades:

a) reconhecer quantidades de dedos levantados por ela mesma;
b) reconhecer quantidades de dedos levantados por outra pessoa;
c) levantar uma determinada quantidade de dedos quando solicitada por outra pessoa.

É importante ter em mente que a proposta aqui não é contagem e sim *subitizing* (ver seção 2.1.1), ou seja, é esperado que a criança consiga determinar os números subitamente, por um reconhecimento da configuração dos dedos, e não contando-os. Para a contagem existem outras atividades.

---

1 Ver seção 2.1.1

Para que isso possa acontecer, comece com os números de 1 a 5 e pelas habilidades (a) e (b). Peça para ela imitar seus gestos. Se precisar ajude-a principalmente com o número 3 que é o mais difícil de ser executado. Não importa quais dedos a criança levante, deixe-a optar por qual ela achar mais fácil, mostrando todas as opções de se formar 3 dedos. Mostre uma quantidade de dedos da sua mão e pergunte à criança quantos dedos tem, **sem contagem.**

Quando a criança estiver executando as letras (a) e (b) é o momento de pedir a ela que levante uma determinada quantidade de dedos, de 1 a 5. Você pode perguntar: *"Como é o número 2 nos dedos? Mostre-me."*

Não há uma idade específica para iniciar esta atividade. Inicie quando a criança consegue compreender o que você está propondo.

Quando for introduzir os números entre 6 e 10, é importante frisar que uma das mãos totalmente aberta também faz parte do número. Por exemplo, o número 7 é uma mão totalmente aberta mais dois dedos da outra.

3.2.2 – Material Akio

O Material Akio foi desenvolvido pelo autor deste livro em sua tese de doutorado (YOKOYAMA, 2012). Esse material é um conjunto de objetos que pode ser confeccionado com materiais acessíveis. As figuras do livro não estão coloridas, porém você pode baixar a versão colorida do material Akio no site: www.leoakio.com. Foi escolhido um nome pelo simples fato de não existir no mercado essa configuração de objetos.

Ele consiste em formas numéricas que representam números de 1 a 10, fichas ou cartões numerados de 0 a 100, tampinhas de garrafa e um barbante. Há duas versões para os números de 1 a 10, que devem ser trabalhados. As formas numéricas que agrupam as bolinhas vermelhas de 2 em 2 (base 2), e as formas numéricas que se baseiam na estrutura de nossas mãos, ou seja, dois grupos de 5 (base 5). A primeira estrutura foi inspirada nos trabalhos, do final da década de 1920, de Catherine Stern (1971), e as cores das duas estruturas foram baseadas no material Cuisinaire. A segunda estrutura, de base 5, tem apoio nos dedos das mãos, juntamente com a disposição dos pontos dos dados e dominó.

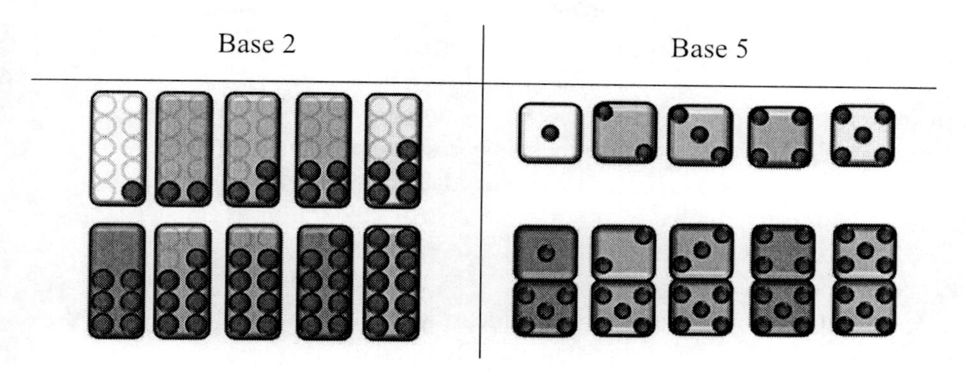

Figura 4: Formas numéricas de 1, 2, 3, 6, 7 e 8 do Material Akio para base 2 e base 5

3.3 – As atividades pré-contagem

Antes das atividades de contagem propriamente ditas, é possível realizar algumas atividades que podem auxiliar nas atividades de contagem, são as que exploram o pensamento pré-lógico de Piaget: *o princípio da conservação e a seriação.* Porém, isso não significa que a criança precisa realizar estas atividades com perfeição antes de iniciar as atividades de contagem. É possível realizá-las concomitantemente umas com as outras.

3.3.1 – O Princípio da Conservação

Segundo Piaget, o *Princípio da conservação* é a propriedade que um conjunto discreto tem, de não alterar sua cardinalidade, ou seja, de não alterar a quantidade de seus elementos, independente de mudanças em sua configuração espacial. Além disso, Piaget afirma que o entendimento do princípio da conservação é uma condição necessária para o entendimento de quaisquer atividades racionais, incluindo a quantificação de conjuntos discretos.

Outra forma de ver o princípio da conservação é: *Dados dois conjuntos discretos de mesma cardinalidade ou não, a configuração espacial de seus elementos não influencia na comparação quantitativa dos conjuntos em questão.*

Atividade 1: Comparando dois conjuntos

Material

1) Duas folhas ou cartolinas de cores diferentes, de tamanho A4. Escolha folhas com cores conhecidas pela criança;
2) Vários objetos com o mesmo formato e cor, por exemplo, tampinhas vermelhas de garrafa.

Procedimento

Certifique-se que a criança consiga identificar cada uma das folhas perguntando, por exemplo, "Qual é a folha azul? E a verde?".

Comece colocando 1 tampinha em um folha e 2 na outra. Pergunte: *"Em qual das folhas tem mais tampinhas? Na azul ou na verde?"* (Fig. 5). Recolha as tampinhas e troque-as de posição. Repita a pergunta.

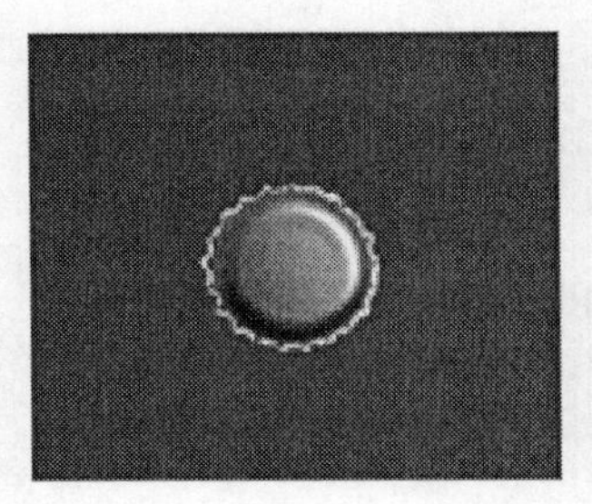
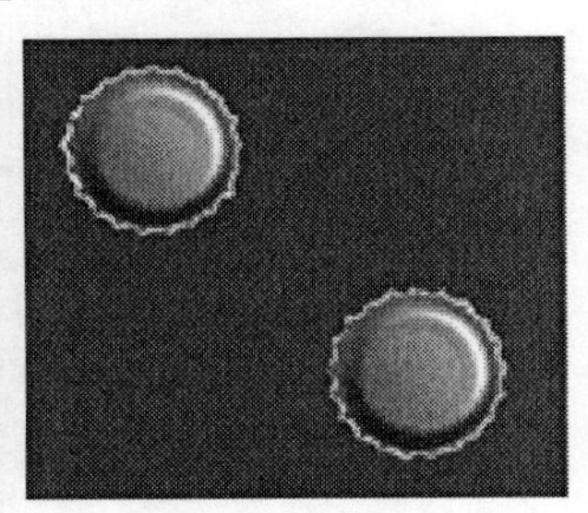

Figura 5

Em seguida coloque 1 ou 2 tampinhas em cada folha de modo que fiquem com a mesma quantidade em cada. Pergunte: *"Onde tem mais tampinhas? Na azul, na verde, ou tem um número igual nas duas?"*.

Esta pergunta é um pouco mais difícil para as crianças compreenderem, pois agora há três opções de resposta. Não se preocupe, as crianças irão adquirindo esse conceito de igualdade com o tempo.

Faça variações de quantidades até 3 tampinhas, por exemplo: 1 e 3; 2 e 3; 2 e 2; 3 e 3.

Quando a criança estiver respondendo corretamente, pode-se aumentar a quantidade de tampinhas. Mas quando a diferença entre as quantidades é de apenas uma tampinha, para quantidades acima de 3, essa tarefa pode se tornar bem difícil. O que acontece é que é difícil diferenciar 7 tampinhas de 8 tampinhas, a não ser que se conte as tampinhas e a criança já tenha o conceito de número. Portanto, o melhor a fazer é colocar uma diferença de pelo menos 2 tampinhas, por exemplo: 2 e 4; 3 e 5; 3 e 6; 4 e 6; 4 e 7, etc.

Quando as respostas estiverem corretas, é hora de manipular as tampinhas dentro das folhas. Digamos que a criança tenha respondido corretamente que há mais tampinhas na folha com 5 em relação à folha com 3. Nesse momento o adulto pode agrupar as 5 tampinhas de uma folha, espalhar as 3 da outra e repetir a pergunta. Se a criança errar, não será nenhuma surpresa. Para explicar para a criança que a folha com 5 continua tendo mais, o adulto pode realizar uma contagem ou fazer uma comparação um a um, sem muita preocupação, pois esse processo de aquisição do conceito é lento e gradual.

Atividade 2: Vamos brincar de cozinhar?

A atividade a seguir é uma brincadeira de "cozinhar" objetos iguais em "panelas" que variam em três tamanhos diferentes, representadas por dois potes grandes, dois médios e dois pequenos. O objetivo é trabalhar o princípio da conservação mostrando que no final do processo a quantidade não se altera.

Material

1) 2 potes grandes, 2 médios e 2 pequenos, por exemplo aqueles potes de colocar pipoca, potes de sorvete, etc;
2) Vários objetos com o mesmo formato e cor, por exemplo, tampinhas vermelhas de garrafa.

Procedimento

Inicialmente um adulto e uma criança colocam, por exemplo, dois cubinhos em cada um dos potes grandes, contando um cubinho de cada vez e simultaneamente. Misturam-se os cubinhos com uma das mãos por um tempo, e logo em seguida troca-se de pote despejando os cubinhos em cada um dos dois recipientes de tamanho médio. Olham para dentro do pote e observam que a quantidade não se alterou. Repete-se a ação de misturar até trocar para os últimos dois potes de tamanho pequeno.

Terminada a mistura dos cubinhos, eles são colocados separadamente em duas folhas de papel de cores diferentes para uma conferência da quantidade final por meio da contagem ou correspondência um a um, e observa-se que a quantidade não muda independente de todo o processo sofrido pelos cubinhos.

Variação

A atividade tem também uma variação, utilizando-se as tampinhas e o material Akio, com o objetivo de relacionar a quantidade de tampinhas observada e a forma numérica do material Akio.

A vantagem de realizar esta atividade desta maneira é a verificação final, já que as tampinhas são encaixadas nas formas numéricas antes de irem para o pote grande e depois de saírem do pote pequeno. Por exemplo, encaixa-se 3 tampinhas na forma 3 do material Akio e coloca-se os pinos do pote grande. Faz-se todo o processo, e no final, verifica-se que permanecem 3 tampinhas, encaixando-as novamente na forma 3 do material Akio.

3.3.2 – A Seriação

A seriação consiste em atividades de comparação entre um determinado grupo de objetos observando a diferença entre eles.

Material:

Pode ser qualquer conjunto de objetos que sejam semelhantes e possam formar uma ordem crescente ou decrescente de tamanho. Por exemplo, o material Cuisinaire, facilmente encontrado em lojas de materiais educativos.

Procedimento:

Inicie a atividade comparando apenas dois objetos e certifique-se que a criança entende o conceito de "maior" e "menor". Pergunte qual dos dois objetos é o maior e qual é o menor.

Feito isso aumente a quantidade para três objetos e mostre como colocar esses três objetos em ordem crescente do menor para o maior. É importante que a visão da criança deve ser a da ordem crescente, para no futuro ela associar com a ordem crescente dos números. Se o adulto estiver de frente para a criança, obviamente ele estará observando uma ordem decrescente. Em outros momentos inicie do maior para o menor, mas sempre com a preocupação de que o resultado final proporcione à criança ver a sequência em ordem crescente. Deixe a criança errar a vontade e depois de pronto questione as posições incorretas perguntando quem é maior ou menor.

3.4 – Atividades que Auxiliam na Aquisição do Conceito de Número

As atividades propostas neste livro sempre remetem à manipulação de materiais multissensoriais, justamente porque os indivíduos com síndrome de Down se beneficiam de outros estímulos para aquisição de novos conceitos.

3.4.1 – Jogo da memória com Material Akio

Com os objetivos de apresentar outras representações de quantidades numéricas e de memorizar o material Akio, foi criada a atividade "Jogo da memória". O jogo é igual ao original, onde as cartas são viradas para o chão e cada participante tem a chance de virar apenas dois cartões. Se estes tiverem números iguais, o jogador ganha esses cartões. Ganha aquele que acumular mais cartões.

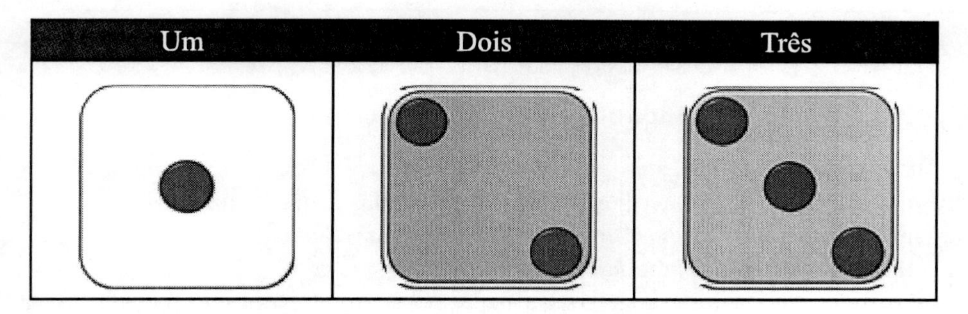

Figura 6: Cartões do jogo da memória

Como o jogo tradicional, inicialmente podem ser apresentados 3 pares de cartas, sendo cada par representado por uma das figuras acima. Então existem duas cartas [um], duas cartas [dois] e duas cartas [três]. Elas são viradas para o chão de forma que o jogador só consegue ver a parte de trás das cartas. Cada jogador escolhe duas cartas e as vira para cima verificando se são iguais. Se forem iguais, o participante ganha as cartas. Se forem diferentes as vira novamente para o chão e passa a vez para o próximo jogador.

Conforme as cartas são viradas para cima, na tentativa de encontrar os pares correspondentes, pronuncie a quantidade que cada uma representa. De uma forma natural, pretende-se que os jogadores, aos poucos, identifiquem as quantidades por *subitizing* (seção 2.1). O jogo pode ser estendido para quantidades maiores, com os cartões sem cores, e com as outras possibilidades de arranjo de números. Por exemplo, o número 2 pode ter três configurações diferentes.

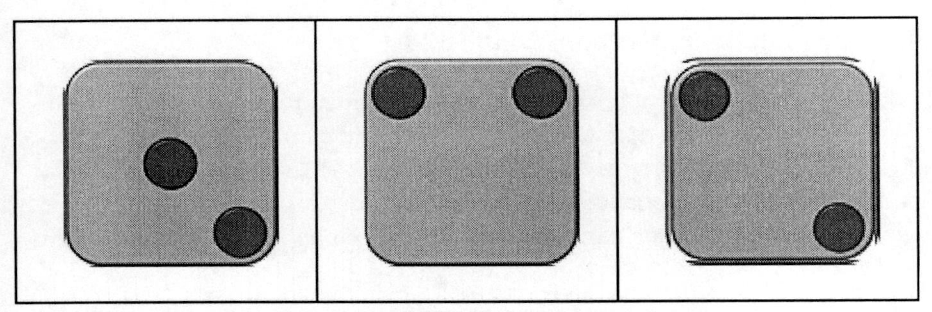

Figura 7

3.4.2 – A atividade fundamental de quantificação

A *atividade fundamental de quantificação*, talvez a mais importante deste livro, tem por objetivo auxiliar a criança a associar o procedimento da contagem com o conceito de número relativo à quantidade. Essa atividade foi inspirada no teste fundamental de quantificação (seção 3.1). Ela é feita de uma forma que incentive a criança a desenvolver uma estratégia de seleção de quantidades de objetos quaisquer. Como dito anteriormente, o teste fundamental de quantificação é o que exige uma maior cognição em relação ao conceito de número.

Apesar de muitas crianças saberem o procedimento de contagem, algumas não fazem a relação deste procedimento com as quantidades discretas. Por exemplo, uma criança pode saber contar 5 bolinhas desenhadas numa folha de papel, e não ser capaz de selecionar 5 balas de um pote cheio de balas. Isso acontece porque a criança não associa o conceito de quantidade 5 com o procedimento de contagem até 5.

Material:

1) Material Akio de base 5 e base 2;
2) Barbante;
3) Tampinhas de garrafa.

Preparação:

Diante do estudante é delimitada uma região circular com um barbante, onde serão colocadas as tampinhas selecionadas por ele. Do lado esquerdo da criança, é colocada uma quantidade de tampinhas maior que a pedida, e do lado direito é posta a forma numérica do material Akio, que servirá como uma espécie de "gabarito" para a atividade.

O resultado final da atividade é ter todas as tampinhas selecionadas encaixadas nas bolinhas da forma numérica escolhida, e a área delimitada vazia.

Procedimento:

1) Apresente à criança uma forma numérica do Material Akio, por exemplo, 2, que representará a quantidade requisitada;
2) Pergunte a ela qual é o número representado, para garantir que ela entendeu;
3) Logo em seguida, solicite ao aprendiz que coloque dentro do círculo a mesma quantidade de tampinhas que a forma do material Akio representa.
4) Faça um exemplo, se necessário;
5) Peça para a criança dizer *"Está pronto"*, quando ela terminar a sua seleção;
6) Terminada a seleção de tampinhas dentro do círculo, peça para a criança conferir, colocando cada tampinha nas bolinhas vermelhas do material Akio;
7) Ao mesmo tempo em que a criança vai encaixando as tampinhas nas bolinhas, comece uma contagem: [1], [2],... Sempre tenha em mente que você fará isso para incentivar a criança a contar, ou seja, se ela não disser nada. Se ela espontaneamente iniciar a contagem, apenas interfira se errar a sequência numérica;
8) Se sobrar tampinhas na região delimitada ou faltar tampinhas nas bolinhas, lamente e diga que é preciso preencher todas as bolinhas e dentro do círculo deve ficar vazio. Repita a atividade para o mesmo número;
9) Se a criança acertar, dê os parabéns, cumprimente-a com as mãos e comemore muito com ela! É importante esse reconhecimento.

Observações importantes:

Se a criança errar na seleção de tampinhas dentro do círculo por causa de sua contagem errada, sugiro que aplique as atividades da próxima seção. Por outro lado, se ela errar a seleção porque esqueceu o número colocando a mais ou a menos, ou porque pegou um punhado de tampinhas sem contagem, não há problema, não interfira. É importante que a criança manipule esses materiais. Essa atividade prevê erros e são justamente esses erros que ajudarão o aprendiz a entender o conceito de número.

Não interfira no modo que a criança faz a seleção das tampinhas, cada criança criará seu próprio caminho. Pode ser que ela pegue inicialmente um punhado, depois ela própria perceberá que se não mudar a estratégia de seleção ela não terá sucesso na atividade.

Variações:

Utilize o material Akio de base 2 e base 5.

Depois de realizada esta atividade com sucesso até 10, algumas vezes você pode retirar o "gabarito" e simplesmente pedir ao aprendiz que coloque na região delimitada x elementos.

Dê algumas moedas de R$1,00 e peça que a criança lhe dê x reais.

3.5 – Atividades de Sequência Numérica Padrão

As atividades a seguir serão apresentadas para os números de 1 a 10, e posteriormente poderá ser estendida para os próximos números.

Para se entender a quantificação, é necessário entender o conceito de número como um representante de quantidades e, além disso, entender que os números estão organizados em uma sequência padrão: [1], [2], [3], [4], [5], [6], [7], [8], [9], [10],... e assim por diante. Muitas crianças com síndrome de Down erram ao enunciar tal sequência, pulando algum número ou voltando a um número já dito, ou em um padrão aleatório, e isso compromete a contagem de elementos de um conjunto. Por exemplo, foi pedido a um aluno que selecionasse 5 elementos, e ele contou: [1], [2], [4], [5]. O resultado final foi 4 elementos, e a contagem terminou em [5], como solicitado. Isso acontece porque, para a criança, aquela sequência de palavras-número não tem um significado bem definido, é simplesmente uma sequência de palavras que os adultos pronunciam, como por exemplo, [a], [e], [i], [o], [u] ou [segunda], [terça], [quarta], [quinta], [sexta], [sábado] e [domingo] que não tem nenhum significado numérico.

Muitas vezes os adultos simplesmente enunciam uma sequência de palavras-número sem mostrar um significado concreto para ela, apenas citam essa sequência em diversas situações. Esse método pode funcionar para crianças com desenvolvimento típico, mas para as crianças com síndrome de Down, que têm um déficit na memória verbal de curto prazo, como esclarecido na seção 2.1, às vezes é difícil a memorização dessa sequência. Por isso a necessidade de vivenciar algo concreto ligado à sequência, para que esta se torne significativa.

Cada número está inserido em uma sequência padronizada de palavras-número, e para entender significativamente esta sequência padronizada, é necessário relacioná-la com os seguintes aspectos:

a) a *visão geral da sequência numérica de 1 a 10* juntamente com as respectivas quantidades associadas, dando uma visão de crescimento e ordenação, e;
b) o *acréscimo ou diminuição de uma unidade*, a um conjunto qualquer, se relaciona ao sucessor ou antecessor de um número.

Por exemplo, dado um conjunto qualquer com 4 elementos, a ação de inserir/retirar um único elemento nesse conjunto, relaciona-se com a ação de pronunciar a próxima palavra-número ou a anterior da sequência numérica, ou seja, o sucessor ou antecessor. Ou o contrário: dado um conjunto com 4 elementos, pedir ao aluno um conjunto com 5 elementos. Ou seja, enunciar a próxima palavra-número relaciona-se com a ação de inserir mais uma única unidade ou um único elemento nesse conjunto.

É importante notar que são duas ações cognitivas distintas. No primeiro caso, ao inserir um novo elemento no conjunto, é preciso saber que esta ação é representada pelo pronunciamento da próxima palavra-número, lembrar-se desta palavra da sequência numérica e saber que ela representa a nova cardinalidade. No segundo caso, quando se pede uma nova cardinalidade para o conjunto, é necessário verificar onde esta palavra-número, que a representa, está inserida na sequência numérica, e realizar a ação correspondente, acrescentando um elemento. Ou seja, recitar a palavra-número [3] e depois [4] não é apenas uma questão de memorização, é preciso saber seu significado concreto.

A aquisição deste conhecimento não é necessariamente sequencial, ou seja, primeiro decora-se a sequência, depois se visualiza a sequência por completo e, em seguida, dá-se o significado para acrescentar ou diminuir uma unidade. Conforme a seção 2.1, este conceito é adquirido juntamente com o procedimento de acrescentar ou diminuir uma unidade, observando a sequência e recitando-a sempre que for pertinente.

O objetivo destas atividades é dar um significado concreto a esta ação, que é a inserção de mais um elemento ao conjunto e, com isso, associar o procedimento de contagem ao conceito de aumentar a cardinalidade do conjunto de uma unidade.

3.5.1 – Atividade de bater palmas

O bater de palmas foi uma atividade foi inspirada no projeto DRUMMATH (2004), idealizado pelo professor doutor Carlos Eduardo Mathias Motta. Este projeto é voltado para alunos com deficiência visual, e aborda a Matemática de uma forma lúdica, utilizando-se principalmente de ações corporais como o bater de palmas, sons e ritmos, e o sentido da audição para desenvolver algumas noções numéricas e geométricas.

A ação de bater palmas nas atividades com os alunos com síndrome de Down é uma grande surpresa para quem aplica, pois é transparente o maior envolvimento deles ao realizar as atividades, apesar dela não estar focada em ritmos específicos. O objetivo desta atividade não é desenvolver ritmo ou coordenação motora, e sim de envolver o participante numa brincadeira em que ele preste atenção na sequência numérica padrão, e com isso pretende-se que sua memorização melhore.

Ela consiste em apresentar a sequência numérica por meio de uma faixa (no site: www.leoakio.com) na qual se tem a reta numerada de um a dez com as respectivas formas do *material Akio* acima de cada numeral.

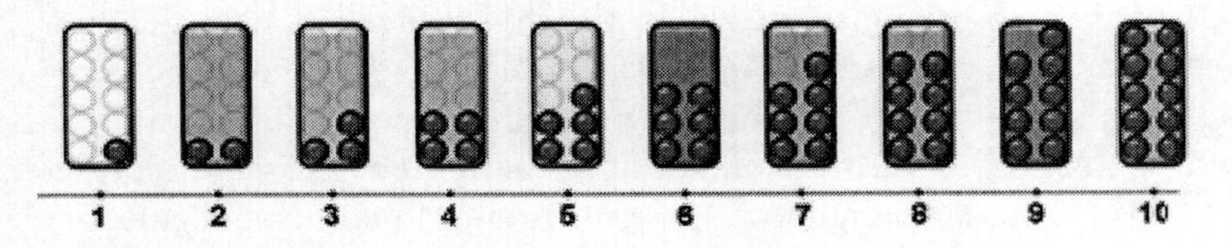

Figura 8: Faixa numerada de 1 a 10 com as respectivas peças do Material Akio

A brincadeira, inicialmente, consiste em contar do 1 ao 10, apontando com as mãos juntas para cada número no ritmo da contagem e batendo palmas em cada um dos números.

3.5.2 – Organizar a sequência numérica

Esta atividade é considerada a mais importante desta seção, e pode ser aplicada às crianças que já conseguem identificar os numerais de 1 a 10, e tem como objetivo melhorar a visão da sequência numérica padrão, com a possibilidade do próprio participante manusear e organizar os números na ordem correta, consequentemente melhorar a habilidade de contagem.

Material:

- cartões soltos e numerados de 1 a 10 (nos anexos ou no site);
- formas numéricas do Material Akio base 2 e base 5 (nos anexos).

Procedimento:

1) Primeiramente, apresente cada um dos cartões numerados de 1 a 10 um a um numa sequência aleatória sempre perguntando ao estudante qual o número do cartão;
2) Com os cartões dispostos e misturados à frente da criança, peça para ela encontrá-los e ordená-los começando pelo 1. Você pode sempre dizer *"[1], [2], ..., [x],... Depois do [x] vem o..."* mostrando a quantidade x de dedos e logo em seguida x+1 dedos. Por exemplo, *"[1], [2], [3],... Depois do [3] vem o..."* mostrando a quantidade 3 de dedos e logo em seguida 4 dedos.
3) Em seguida, com a sequência numérica montada apresente as formas numéricas do material Akio de base 5 de {1} a {10}, nesta ordem, e peça para a criança associá-las às respectivas escritas numéricas (Fig. 9).

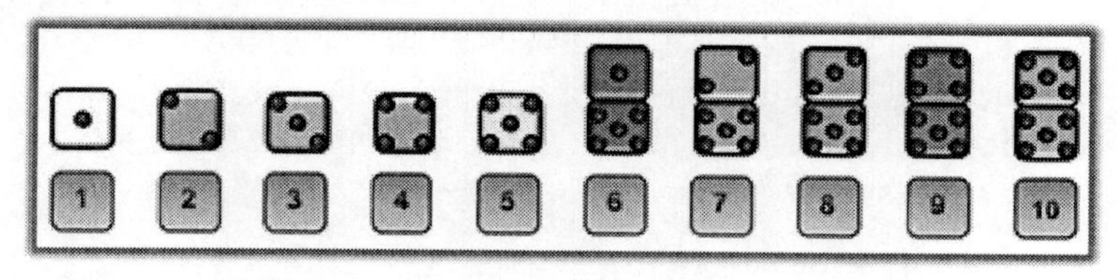

Figura 9: Associação entre formas numéricas e cartões numerados

4) A seguir, retire as escritas numéricas e peça para a criança identificar as formas do material Akio, estando estas na sequência padrão;
5) Assim que ela terminar, forneça cartão por cartão, em uma ordem aleatória e peça para a criança associar às formas numéricas do Numicon.

Variações:

1) Apresente primeiramente as formas numéricas do material Akio um a um, de forma aleatória. Peça para a criança identificá-las e colocá-las em ordem crescente. Depois mostre os cartões numerados um a um e peça para associá-los às formas numéricas;
2) Com a sequência montada, pode-se realizar a atividade de bater palmas, da seção anterior;
3) Troque o material Akio de base 5 para o de base 2 colorido. Isso permite que a criança amplie sua imagem conceitual de número não se prendendo a apenas um formato. Quando as crianças

estiverem realizando as atividades bem, com esses dois materiais, é possível trocar para o material Akio sem cor.

3.5.3 – Onde está o número?

Esta atividade trabalha a ideia de localização dos números na reta numerada.

Material:

1) Reta numerada de base 2 e base 5 (nos anexos);
2) Duas folhas de papel.

Procedimento:

1) Apresentar a reta numerada e deixe à mostra somente um dos números, tapando os outros com auxílio das folhas de papel;
2) Por exemplo, deixe o 5 à mostra e tape os outros números. Pergunte se um determinado número *x* está à direta de 5 ou à esquerda de 5. Com isso pôde-se analisar a noção da criança em relação às posições dos números na reta numerada. Por exemplo, com o número 5 à mostra pergunte: *"Onde está o número 7?"*.

3.5.4 – Sucessor e antecessor com sequência numérica

Esta é outra proposta que aproveita a sequência numérica montada na atividade 3.4.2.

Material:

A sequência numérica montada diante do aluno.

Procedimento:

Deixe a sequência numérica diante da criança, escolha um número, por exemplo, 6 e pergunte:

- *"Qual o número que vem depois do 6?"*
- *"Qual o número que vem antes do 6?"*

Se a criança não souber mostre a resposta apontando-a na sequência. Repita esse processo para todos os números, inclusive o 1 e o 10. Não há problema em dizer que antes do 1 vem o zero e depois do 10 vem o 11.

Você vai perceber que os números sucessores serão mais fáceis de serem identificados que os antecessores. Não há problema, com o tempo as crianças perceberão os conceitos de antes e depois.

3.5.5 – Sucessor e Antecessor com dedos

Os dedos das mãos irão dar um significado concreto para os conceitos de sucessor e antecessor. Ou seja, com os dedos consegue-se mostrar uma aplicação concreta para o uso do sucessor e antecessor de um número natural.

Esta atividade deve vir depois da atividade "Dedos das mãos" que se encontra na seção 3.2.1.

Material:

1) Dedos das mãos;
2) Sequência numérica diante do aluno;
3) Objetos iguais que podem ser encaixados nos dedos, por exemplo, anéis de plástico, pequenas argolas e pedaços de mangueira cortada.

Procedimento:

Peça para a criança apresentar de 1 a 5 dedos. Por exemplo: *"Mostre-me 4 dedos, agora 3, 5, etc".*

A partir de algum momento, quando a criança estiver com os dedos levantados, peça para ela colocar mais um dedo ou retirar um dedo e pergunte qual é a nova quantidade de dedos. Por exemplo, a criança está com 3 dedos levantados e você diz: *"Coloque mais um dedo. Quantos ficam agora? Retire um dedo. E agora, quantos dedos tem?"*

No momento em que a criança errar, você deve mostrar a resposta na sequência numérica à frente do aprendiz, e colocar os anéis na ponta dos dedos levantados pela criança. A partir daí, você vai colocar ou retirar um anel toda vez que fizer a pergunta: *"Coloque mais um dedo. Quantos ficam agora? Retire um dedo, e agora?".* Quando pedir para retirar um dedo você retira o anel e baixa o dedo da criança.

Aumente gradativamente para 6 a 10 dedos. Quando a criança começar a se acostumar, passe a não utilizar mais os anéis. Os anéis servem para o aluno "sentir" a quantidade de 6 anéis depois de colocado mais um em 5 anéis.

Observações

Geralmente quando se passa para 6 dedos ou mais, as crianças erram pois esquecem que é necessário a utilização de duas mãos. Chame a atenção do aprendiz e diga que 6 é representado por uma mão com os 5 dedos mais um dedo da outra mão.

Faça essa passagem de 5 para 6 dedos ou mais e depois retorne, de 6 para 5 dedos ou menos.

Deixe a criança olhar a vontade para a sequência numérica para dar as respostas certas. A sequência à frente dela serve como um tipo de apoio à memória. O objetivo aqui não é a memorização e sim o entendimento da sequência. Com o tempo a memorização da sequência numérica será uma consequência dessas atividades.

3.5.6 – Outros jogos e recursos

Claro que alguns jogos tradicionais também podem auxiliar na aquisição do conceito de número e não devem ser desprezados. Todos os jogos que envolvem dados são ótimos para as crianças identificarem números de 1 a 6 sem contagem, apenas por *subitizing.*

Jogos de memória são ótimos para as crianças. Algumas pesquisas apontam que pessoas com bom desempenho em matemática têm uma boa memória, e o contrário, pessoas com boa memória têm uma melhor performance do que as pessoas com memória deficiente. Estes jogos podem ser encontrados no site: http://leoakio.com/memoria.html.

Capítulo 4

Conclusão

Este livro apresentou atividades que objetivam desenvolver o conceito de número natural, mais especificamente no que se refere à quantificação, ou seja, a capacidade de determinar a quantidade de objetos de um conjunto qualquer.

Com relação à aquisição do conceito de número natural, a interação entre conceitos e procedimentos é fundamental para a desconstrução de alguns conceitos e procedimentos, e consequentemente para a construção de outros conceitos e procedimentos.

As pesquisas que relacionam conceito de número e *síndrome de Down* são bastante escassas, diferente da quantidade de pesquisas que versam apenas um dos dois assuntos. Em linhas gerais, os resultados dos poucos estudos localizados mostram que os estudantes, portadores da síndrome de Down, têm dificuldades com o raciocínio aritmético, em particular, o ato de quantificar um conjunto discreto se torna, na maioria das vezes, mais um procedimento mecânico, com regras a seguir, que no final produz um "número". Mesmo alguns adolescentes síndromes de Down, com idades mais avançadas, podem não compreender a finalidade da contagem ou o que significa uma quantidade de 7 objetos. As crianças com desenvolvimento típico passam pelas mesmas etapas cognitivas que as crianças com síndrome de Down, a diferença está na "velocidade" de aprendizagem e com isso, talvez às vezes não fique evidente ou perceptível essas passagens. Aquelas crianças geralmente, ao conviver e interagir com outras pessoas ou consigo mesmas, alcançam o conceito de número, com relação à quantidade, de uma forma mais rápida, com jogos, brincadeiras, atividades do dia a dia que envolva contagem, na escola com outros colegas.

Os erros mais cometidos, no procedimento da contagem, pelos indivíduos com síndrome de Down são: (a) errar na sequência padrão de palavras-número, seja esquecendo, pulando, repetindo ou pronunciando em uma ordem aleatória; (b) apontar para um objeto e não o rotular; (c) ignorar alguns objetos do conjunto sem conta-los; (d) rotular o mesmo objeto com duas palavras-número no mesmo instante; (e) depois de realizada a contagem, diante da pergunta: *"Mas quantos objetos têm aqui mesmo?"*, eles recontam o conjunto.

É importante frisar que as crianças com desenvolvimento típico também cometem alguns desses erros quando começam a adquirir o conceito de número.

Mesmo que um indivíduo qualquer realize corretamente a contagem de um determinado conjunto e produza no final a última palavra-número mencionada, ainda assim é preciso desconfiar se ele entende o significado de tal número. Pesquisadores mostraram que algumas crianças percebem que diante da pergunta de um adulto *"Quantos?"* bastava dizer a última palavra-número mencionada para deixar o questionador "satisfeito". E quando os pesquisadores solicitam a esta mesma criança, que pegasse o mesmo número contado, ela simplesmente não selecionava a quantidade correta, selecionando um punhado qualquer ou realizando uma contagem diferente.

Porém, um erro bastante frequente, cometido pelos indivíduos com síndrome de Down, está em pronunciar a sequência padrão de números, e uma possível razão para este fato é a deficiência na memória de curto prazo verbal desses indivíduos. Esta memória influencia, por exemplo, na aquisição de novas palavras. Segundo Jarrold & Baddeley (2001), é preciso diferenciar a *memória de curto prazo verbal* da *memória de curto prazo viso-espacial.* As pessoas com síndrome de Down têm um déficit na memória de curto prazo *verbal*, em contraste à memória *viso-espacial*, que é considerada próxima do normal. Isso implica que é difícil aprender novas palavras e guardá-las em uma determinada sequência, por outro lado, a última informação abre novos caminhos e possibilidades de atividades que exploram o sentido da visão.

Uma possibilidade de trabalho "paralelo", que visa auxiliar para uma melhor compreensão do conceito de número das crianças com síndrome de Down, é com os dedos das mãos. Eles talvez sejam o primeiro instrumento que o ser humano utiliza para a contagem de objetos. Há razões importantes para se trabalhar com os dedos das mãos. Primeiro, eles estão sempre disponíveis, em qualquer lugar, momento ou situação. Segundo, aproveitando a memória viso-espacial, o indivíduo vê o número globalmente e não somente a partir de uma sequência de palavras-número, de um símbolo isolado ou de uma palavra isolada. Terceiro, e talvez o mais importante, o indivíduo "sente" o número, mesmo não vendo as mãos, é possível sentir 7 dedos selecionados. De acordo com Brissiaud (1989), é por essa razão que a associação dos dedos das mãos à sequência numérica convencional influencia na aquisição do conceito de número, mais que simplesmente observar quantidades de objetos ou ouvir uma sequência de palavras-número. E outra possibilidade é trabalhar com materiais multissensoriais, no caso deste livro o material Akio, que tem um estímulo visual e tátil, e oferece outras possibilidades de configuração para se enxergar e sentir os números.

Este trabalho propôs atividades que envolvessem a interação entre conceitos e procedimentos, aproveitando outras formas de estímulo viso-espacial com material multissensorial e dedos das mãos, com o objetivo de desenvolver o conceito de número através de ambos os procedimentos de quantificação, a *contagem* e o *sutibizing*. Este trabalho sugere, ainda, que a interação entre *conceitos* e *procedimentos* é um caminho viável para atingir uma melhor compreensão do conceito de número.

Gelman e Cohen (1988), e Cornwell (1974) disseram que os indivíduos com síndrome de Down tendem a aprender o procedimento da contagem mecanicamente por meio da imitação de exemplos e da ênfase na repetição. Este trabalho apresenta uma alternativa para o ensino tradicional, que muitas vezes foca o ensino no procedimento sem uma interação com o conceito.

Para a aquisição de outros conceitos matemáticos que envolvem geometria, tratamento da informação, aritmética, grandezas e medidas, é preciso ter mais pesquisas sobre esses assuntos. Infelizmente poucos pesquisadores se interessam por unir matemática e síndrome de Down. Outra alternativa seria professores, educadores e pais estudarem as tendências em educação matemática desses assuntos e criarem suas próprias adaptações às crianças e adolescentes com síndrome de Down. Com certeza haveria descobertas interessantíssimas.

Muitas vezes os alunos trazem uma solução inesperada e na Educação, os profissionais devem estar preparados para encarar o "diferente", seja com relação aos alunos ou com o que eles trazem para o ambiente escolar.

Acredito que as propostas deste livro irão abrir portas e caminhos para novas descobertas importantes nesta área e consequentemente beneficiar muitas outras pessoas que vivem e convivem com a síndrome de Down. Espero, ainda, que este trabalho incentive outros pesquisadores a encarar esse desafio de investigar a educação matemática nos indivíduos com alguma dificuldade física ou intelectual.

Os profissionais da educação e pais precisam ter em mente que cada aprendiz é único, cada um tem uma afinação diferente com as intervenções, cada um deles cria caminhos de estratégias diferentes, cada um tem dificuldades e habilidades diferentes, e também, cada um deles encontra o seu progresso.

Referências

ABDELAHMEED, H. **Do children with down syndrome have difficulty in counting and why?**, Internacional Journal of Special Education, Vol 22, number 2, 2007.

BADDELEY A. **Working memory: The interface between memory and cognition**. Journal of Cognitive Neuroscience 4(3): p.281-288, 1992.

BARBOSA, H. H. J. **Sentido de número na infância: uma interconexão dinâmica entre conceitos e procedimentos**, *Paidéia (Ribeirão Preto)*, vol.17, no.37, p.181-194, 2007.

BARNARD, T.; TALL, D. **Cognitive units, connections and mathematical proof.** Proceedings of the 21st Annual Conference of the International Group for the Psychology of Mathematics Education, Finland, vol. 2, p. 41-48, 1997.

BAROODY, A. J. **The development of adaptive expertise and flexibility: The integration of conceptual and procedural knowledge**. In A. J. Baroody & A. Dowker, A. (Eds.). The development of arithmetic concepts and skills: Constructing adaptive expertise (p. 1-33). Hillsdale, NJ: Lawrence Erlbaum Associates, 2003.

BASHASH, L., OUTHRED, L. and BOCHNER, S. **Counting skills and number concepts of students with moderate intellectual disabilities**. International Journal of Disability, Development and Education, vol. 50, nº3, p. 325-345, 2003.

BOBIS, J. **Early Spatial Thinking and the Development of Number Sense**. Australian Primary Mathematics Classroom, v13 n3 p4-9 2008.

BRIARS, D., & SIEGLER, R. S. **A featural analysis of preschoolers' counting knowledge**,. Developmental Psychology, vol. 20, No 4, p. 607-618, 1984.

BRIGSTOCKE S.; HULME, C.; Nye, J. **Number and arithmetic skills in children with Down syndrome**, Down Syndrome Research Directions Symposium 2007, Number and Mathematics, Portsmouth, UK, 2008.

BRISSIAUD, R. **Como as crianças aprendem a calcular**, Éditions Retz, Instituto Piaget, Coleção Novos Horizontes, Lisboa, 1989.

BRISSIAUD, R. A Tool For Number Construction: Finger Symbol Sets. In: BIDEAUD, J.; MELJAC, C.;FISCHER, J. P. **Pathways to number: children's developing numerical abilities.** Lawrence Erlbaum Associates, Inc., Publishers, New Jersey, 1992, cap. 2.

BUCKLEY S. J. **Teaching numeracy**. *Down Syndrome Research and Practice.* 12(1); p. 11-14, 2007.

CAYCHO, L.; GUNN, P.; SIEGAL, M. **Counting by children with Down syndrome.** American Journal on mental retardation, vol. 95, No. 5, p. 575-583, 1991.

CLEMENTS, D. H. **Subtizing: What is it? Why teach it?**, Printed from Teaching Children Mathematics and with permission from NCTM, 1999.

CLEMENTS, D. H.; SARAMA, J. **Early Childhood Mathematics Education Research : Learning Trajectories for Young Children**, Studies in Mathematical Thinking and Learning Series, Routledge, 2009.

CLEMENTS, D. H.; SARAMA, J. **Learnig and Teaching Early Math: The Learning Trajectories Approach**, Studies in Mathematical Thinking and Learning Series, Routledge, 2009.

COBB, P.; CONFREY, J.; diSESSA, A.; SCHAUBLE, L. **Design Experiments in Education Research**. Educational Researcher, Vol.32, No. 1, p. 9-13, 2003.

COMBLAIN, A. **Working memory in Down's syndrome: Training the rehearsal strategy**. Down Syndrome: Research & Practice 2(3), p. 123-126, 1994.

DEHAENE, S. **The Number Sense: How the mind creates mathematics**, Revised and Updated Edition, New York: Oxford University Press, Inc., 1997.

DEVLIN, K. **O Gene da Matemática**, Editora Record, 2004.

FRYE, D.; BRAISBY, N. **Young children's understanding of counting and cardinality**. Child Development, vol. 60, no 5, p. 1158-1171, 1989.

FUSON, K. C.; RICHARDS, J.; BRIARS, D. **The acquisition and elaboration of the number word sequence**. Children's logical and mathematical cognition, p. 33-92, New York, Springer-Verlag, 1982.

FUSON, K. C.; SECADA, W. G.; HALL, J. W. **Matching, counting, and conservation of numerical equivalence**. Child Development, Vol. 54, p. 91-97, 1983.

FUSON, K. C.; PERGAMENT G.G.; LYONS, B. G.; HALL, J. W. **Children's Conformity to the Cardinality Rule as a Function of Set Size and Counting Accuracy**. Child Development, vol. 56, p. 1429-1436, 1985.

GEARY, D. C. **Children's mathematical development: Research and practical applications**. Washington, DC: American Psychological Association, 1994.

GELMAN R. & GALLISTEL C.R. **The child's understanding of number**, Harvard University Press, Cambridge, Massachusetts, London, 1986.

GIRALDO, V. **Descrições e Conflitos Computacionais: O Caso da Derivada**, Tese de doutorado, Coppe-UFRJ, 2004.

GRAY, E.; TALL, D. **Duality, Ambiguity and Flexibility: A Proceptual View of Simple Arithmetic,** The Journal for Research in Mathematics Education, Vol. 25, nº 2, p. 116-140, 1994.

GRAY, E.; PITTA, D.; TALL, D. **Objects, Actions and Images: A perspective on early number development,** Mathematics Education Research Centre, University of Warwick, UK, 1999.

IFRAH, G. **História Universal dos Algarismos, Vol. 1: A inteligência do homem contada pelos números e pelos cálculos.** Rio de Janeiro: Nova Fronteira, 1997.

IRWIN, K.C. **Young Children's Formation of Numerical Concepts: Or 8 = 9 + 7**, H. Mansfield et al. (eds.), Mathematics for Tomorrow's Young Children, p. 137-150, 1996.

JARROLD, C.; BADDELEY, A. D. **Short-term memory in Down syndrome: Applying the working memory model**. Down Syndrome Research and Practice 7(1), p. 17-23, 2001.

KEELER, M. & SWANSON, H. **Does strategy knowledge influence working memory in children with mathematical disabilities**? Journal of learning disabilities, vol. 34, nº 5, p. 418-434, 2001.

LAWS, G.; BUCKLEY S.; MacDONALD J.; BROADLEY I. **The influence of reading instruction on language and memory development in children with Down's syndrome.** Down Syndrome Research & Practice 3(2): p. 59-64, 1995.

MEHLER, J.; BEVER, T. G. **Cognitive capacity of very young children**. Science, Vol. 158, No 3797, p. 141-142, 1967.

MIX, K. S. **Similarity and Numerical Equivalence: Appearances Count**. Cognitive Development, Vol. 14, p. 269-297, 1999.

MOTTA, Carlos Eduardo Mathias. **Uma proposta transdisciplinar no ensino da matemática para deficientes visuais.** In: CURY, Helena Noronha (Org.). Disciplinas matemáticas em cursos superiores: reflexões, relatos e propostas. Porto Alegre: EDIPUCRS, p. 407-430, 2004.

NACARATO, A. M. **O conceito de número: sua aquisição pela criança e implicações na prática pedagógica**, Argumento - Revista das Faculdades de Educação, Ciências e Letras e Psicologia Padre Anchieta, Ano II, número 3, p. 84-106, Jundiaí, 2000.

NYE, J.; FLUCK, M.; BUCKLEY S. **Counting and cardinal understanding in children with Down syndrome and typically developing children**, Down Syndrome Research and Practice, 7(2), p.68-78, 2001.

NYE, J.; BUCLEY, S.; BIRD, G. **Evaluating the Numicon system as a tool for teaching number skills to children with Down syndrome**, The Down Syndrome Educational Trust, Down Syndrome News and Update, 5(1), p. 2-13, 2005.

PENNER-WILGER, M.; ANDERSON, M. L. **An alternative view of the relation between finger gnosis and math ability: Redeployment of finger representations for the representation of number**. Proceedings of the 30th Annual Conference of the Cognitive Science Society, p. 1647–1652, 2008.

PIAGET, J. **The Child's Conception of Number**, Routledge & Kegan Paul LTD, Broadway House, p. 68-74 Carter Lane, London, 1969.

PIAZZA, M.; MECHELLI, A.; BUTTERWORTH, B.; PRICE, C. J. **Are Subitizing and Counting Implemented as Separate or Functionally Overlapping Processes?** Neuroimage , Vol. 15 (2) , p. 435 – 446, 2002.

PORTER, J. **Learning to count: a difficult task?** Down's Syndrome: Research and Practice, vol. 6, nº 2, p. 85-94, 1999.

POWELL, A. et al. **Uma Abordagem à Análise de Vídeo para Investigar o Desenvolvimento de Idéias e Raciocínios Matemáticos de Estudantes**. Bolema n 21, p. 81-140, Ed UNESP-RC, 2004.

RITTLE-JOHNSON, B.; SIEGLER, R. **The relation between conceptual and procedural knowledge in learning mathematics: A review**, The development of mathematics skills, cap. 4, p. 75-110, Psychology Press, 1998.

STARKEY, P.; COOPER, R.G., Jr. (1980). **Perception of number by human infant.** Science, 210, 1033-1035, 1980.

STERN, C.; STERN, M. **Children discover arithmetic: An introduction to Structural Arithmetic.** New York: HarperCollins, 1971.

TALL, D.; VINNER, S. **Concept Image and Concept Definition in Mathematics with particular reference to Limits and Continuity**. Educational Studies in Mathematics, vol. 12 p. 151-169, 1981.

TALL, D. **Concept images, generic organizers, computers and curriculum change**. For the Learning of Mathematics, 9 (3), p. 37-42, 1989.

TALL, D.; McGOWEN, M. & DeMAROIS, P. **The function machine as a cognitive root for building a rich concept image of the function concept.** Proceedings of the the 22rd PME-NA Conference, 1, p. 247-254, 2000.

TUDELA, J.M. O.; ARIZA, C. J. G. **Computer assisted teaching and mathematical learning in Down syndrome children.** Journal of Computer Assisted Learning; vol. 22, nº 4, p. 298-307, 2006.

WYNN, K. **Children's understanding of counting**. Cognition, 36, p. 155-193, 1990.

YOKOYAMA, L. A. **Uma abordagem multissensorial para o desenvolvimento do conceito de número em indivíduos com síndrome de Down.** Tese de doutorado, Programa de Pós-graduação em Educação Matemática – Uniban, São Paulo, 2012.

Impressão e acabamento
Gráfica da Editora Ciência Moderna Ltda.
Tel: (21) 2201-6662